应用型本科院校
土木工程专业系列教材
YINGYONGXING BENKE YUANXIAO
TUMU GONGCHENG ZHUANYE XILIE JIAOCAI

土木工程材料课程学习指导及难点解析

TUMU GONGCHENG CAILIAO KECHENG XUEXI ZHIDAO JI NANDIAN JIEXI

主　编■贾兴文
主　审■钱觉时　王　冲

重庆大学出版社

内容提要

本书根据土木工程材料课程的教学要求和学习要求，并参考相关教材、专著和现行的国家标准、行业标准以及建设工程领域的相关团体标准编写而成。本书依据高等学校土木工程本科指导性专业规范，标注了土木工程材料课程主要知识点的学习要求，便于学生更快地把握课程学习重点。为了提高学习效果，本书较为深入地阐释和解释了土木工程材料课程的学习重点和难点，对主要知识点进行了更为深入的解释和讨论，使初学者更容易理解和掌握主要知识点的概念和原理。

本书可以作为土木工程、建筑管理、交通工程等相关专业本科土木工程材料课程的课后辅导教材，也可以作为全国硕士研究生统一招生考试中考试科目名称为土木工程材料或建筑材料的专业课考研辅导书。

图书在版编目(CIP)数据

土木工程材料课程学习指导及难点解析 / 贾兴文主编. -- 重庆：重庆大学出版社，2022.7

应用型本科院校土木工程专业系列教材

ISBN 978-7-5689-3323-0

Ⅰ. ①土… Ⅱ. ①贾… Ⅲ. ①土木工程—建筑材料—高等学校—教学参考资料 Ⅳ. ①TU5

中国版本图书馆 CIP 数据核字(2022)第 088078 号

土木工程材料课程学习指导及难点解析

主 编 贾兴文

策划编辑：王 婷

责任编辑：张红梅 版式设计：王 婷

责任校对：关德强 责任印制：赵 晟

*

重庆大学出版社出版发行

出版人：饶帮华

社址：重庆市沙坪坝区大学城西路 21 号

邮编：401331

电话：(023) 88617190 88617185(中小学)

传真：(023) 88617186 88617166

网址：http://www.cqup.com.cn

邮箱：fxk@cqup.com.cn (营销中心)

全国新华书店经销

重庆俊蒲印务有限公司印刷

*

开本：787mm×1092mm 1/16 印张：9.75 字数：251 千

2022 年 7 月第 1 版 2022 年 7 月第 1 次印刷

印数：1—2 000

ISBN 978-7-5689-3323-0 定价：35.00 元

前　言

土木工程材料课程涉及的材料类型众多，如气硬性胶凝材料（例如石膏、石灰）、通用硅酸盐水泥、普通混凝土、建筑砂浆、建筑钢材、墙体材料、屋面材料、石材、木材、有机高分子材料、防水材料、防火材料、绝热材料、吸声和隔声材料以及建筑装饰材料等。可以说每一类材料都是一门课程，甚至是一个广阔的研究领域，学习者要在短时间内理解和掌握土木工程材料课程繁多的知识点必然非常困难，导致该课程的学习效果难以达到预期。

提高土木工程材料课程学习效果并牢固掌握诸多知识点，需要进行对比和理解性学习，注意知识点之间的联系，理解材料的基本原理并掌握其共性特点，而不是机械性地记忆知识点。土木工程材料教材涉及的领域较为宽泛，使得初学者难以把握学习重点和相关知识点之间的联系。此外，初学者在课程学习过程中习惯上采用背诵记忆的学习模式，但是土木工程材料的知识点繁多，课程学时较少，通过背诵很难真正掌握。为此，我们编写了本书，旨在更为深入地阐释课程学习的重点和难点，更为深入地解释和讨论部分知识点，使相关知识点的内容更加完善，帮助初学者更为准确地理解和掌握土木工程材料课程的知识点。

本书与重庆大学出版社出版、贾兴文主编的《土木工程材料》配套，对土木工程材料课程的主要知识点进行了梳理，并用不同符号对相关知识点进行了分类：■——需要理解和掌握的知识点，●——需要熟悉的知识点，◇——需要了解的知识点，☆——扩展知识点。为了提高学习效果，全书各章后均附有练习题，以便巩固和加深。

本书由贾兴文任主编，在编写过程中，参考了相关教材、专著和现行国家标准、行业标准以及建设工程领域的相关团体标准。

重庆大学钱觉时教授、王冲教授任本书主审，在审阅本书的过程中，他们对全书内容和知识体系存在的不足提出了很好的修改建议;研究生余金城、秦继辉、代小兵、唐浩、骆佳银、连磊、卢瑞雪、张文馨、田昊、黄宇航、张新、李俊萌和王平参与了本书的编写和文字、图表处理工作。在此,对以上人员表示由衷的感谢。

土木工程材料的生产和应用技术发展迅速,加之编者水平有限,书中难免存在不足和疏漏,欢迎广大读者批评指正。编者电子邮箱 jiaxw@ cqu. edu. cn。

编　者

2021 年 12 月

目　录

1 土木工程材料的基本性质

❖ 本章导读

土木工程材料的基本性质是土木工程材料课程的基础和重点。材料的基本物理力学性质在其他课程中也有涉及,有些概念甚至在高中阶段就已涉及,但本课程希望学生能通过不同视角审视和深入理解土木工程材料的共性特征。本章学习的重点是理解材料的组成(化学组成、矿物组成)、材料的结构(宏观、亚微观和微观结构)与材料物理力学性能的关系,例如矿物组成和孔隙结构对材料物理力学性能的影响,从而更好地理解和掌握常用土木工程材料的物理力学性能。

➢ 知识目标

(1)掌握材料的密度、表观密度、体积密度、堆积密度、密实度、孔隙率、填充率及空隙率的概念和计算方法。

(2)掌握材料的亲水性、憎水性、吸水性、吸湿性、耐水性的概念和计算方法,熟悉材料抗冻性和抗渗性的概念。

(3)掌握材料强度的基本概念和计算方法,理解材料的弹性和塑性、脆性和韧性的概念。

(4)掌握材料耐久性的概念,了解影响材料耐久性的主要因素。

➢ 技能目标

(1)能够熟练掌握密度、表观密度、体积密度、堆积密度、孔隙率、空隙率等与质量和密实度有关的物理参数的计算方法。

(2)能够熟练掌握吸水率、含水率和软化系数等指标的计算方法。

(3)能够熟练掌握材料的抗压强度、抗拉强度、抗剪强度和抗弯强度等力学性能指标的计算方法。

➢ 重点难点释疑

1.1 材料的基本物理性质

■1)密度、表观密度、体积密度、堆积密度

密度、表观密度、体积密度和堆积密度是描述材料基本物理性质的重要物理量,是本章的重点,不仅要理解其相关概念,还要掌握其计算方法和测试方法。

表述密度概念提到的绝对密实状态是一种理论状态,毕竟常见的材料都含有孔隙,即使是钢材也含有极其微小的孔隙,只是孔隙率极低,通常认为高纯度的金属材料可以接近绝对密实状态。然而,对于常见的非金属材料,例如混凝土和烧结黏土砖,并不存在绝对密实状态,而只能磨成细粉后测试其密度。采用排水法(阿基米德法)测试材料的密度时,如测试砖粉的密度,砖粉磨得越细,密度测试值越趋近于其密度理论值(极限值)。

表观密度和体积密度的主要差异在于开口孔隙,表观密度更适合用于描述孔隙率或开口孔隙率较小且形状不规则材料的单位体积的质量,可以采用排水法或水中称重法测出材料不含开口孔隙的体积,再计算表观密度。对于形状规则(形状不规则时可以加工成规则形状),或者孔隙率较高(开口孔隙率较高)的材料,采用体积密度描述材料单位体积的质量更合适。需要注意的是,现行的部分规范并未区分表观密度和体积密度,都用表观密度表述多孔材料单位体积的质量(如混凝土的表观密度),而这里的表观密度通常包含开口孔隙,实际上是体积密度,这主要是因为材料的基本物理性质的概念和规范中相关概念的更新不协调,但这并不影响规范的使用和对规范条文的理解。

对于粉状材料的堆积密度,材料粉磨得越细,其自然堆积状态下的堆积密度就会随着粉磨时间延长而逐渐降低,即粉状材料的比表面积越大(越来越细),其堆积密度越小。

■2)孔隙对材料性能的影响

按照普遍的规律和理解,材料孔隙率增大,材料的强度、抗渗性、耐久性和表观密度或体积密度就会随之降低,但这只是整体趋势,并不能准确描述材料的孔隙率对其物理力学性能的影响。孔是材料的构成部分,不含孔隙的绝对密实的材料只是理论上存在,常见的混凝土、墙体材料通常含有较多孔隙,属于多孔材料。对于多孔材料,孔隙特征对材料的诸多性能具有显著影响。表述孔隙特征不能仅用孔隙率,还需要考虑孔径大小、孔隙分布、孔隙开口状态(开口孔和闭口孔)等,这样才能更为准确地描述孔隙特征对材料物理力学性能的影响。

因此,在描述和分析材料的孔隙特征对其耐久性(抗渗性、抗冻性等指标)、强度、导热系数等的影响时,不能仅仅考虑孔隙率,还需要考虑孔径大小、孔隙分布、孔隙开口状态等。例如,为了提高混凝土抗冻性,可以采用掺加引气剂的方法,在混凝土中引入适量空气并形成均匀分布的闭口孔隙,从而在不显著降低混凝土抗压强度的前提下提高混凝土抗冻性。此外,对于泡沫混凝土等轻质多孔材料,在孔隙率相近的情况下,当材料中含有大量均匀分布的闭口微孔时,其热工性能和力学性能会优于含有大量分布不均匀的开口孔的材料。对于轻质多

孔材料,例如常见的建筑保温材料,当同类材料试样的表观密度相同时,材料的孔结构不同,其力学性能、吸水率和导热系数可能会存在显著差异,因此,不能简单地通过表观密度来判断轻质多孔材料的物理力学性能优劣。

对于强度,分析孔隙率对强度的影响时,不能简单地认为孔隙率增大强度必然降低。例如两组材质相同、外观尺寸相同的试件 A 和 B,由于成型质量差异,A 组试件的孔隙率较低但其含有分布不均且不规则的大尺寸孔洞,B 组试件的孔隙率较大但其包含分布均匀且近似圆形的微细孔隙。由于 A 组试件在受力时内部更容易在不规则孔隙处产生应力集中现象,因此会出现 A 组试件孔隙率小但强度测试值低的情况。

1.2 材料与水有关的性质

建筑材料,尤其是无机材料,其性能的劣化与水密切相关。建筑材料使用过程中接触到的水包括雨水、地下水、江河湖海水、生活用水以及大气中的水汽等。水不仅会影响材料的物理力学性质,同时水与侵蚀性介质的共同作用对材料的耐久性也会产生重要影响。相较于处于常温干燥环境下的建筑材料,长期处于潮湿环境或长期浸泡在水中的建筑材料,其物理力学性能更容易劣化。例如,混凝土在流动水中可能会出现溶蚀,保温材料吸水后热工性能下降,石膏板在潮湿环境中变形翘曲,建筑钢材在潮湿环境中锈蚀。因此,掌握材料与水有关的性质,是掌握建筑材料长期性能的基础。

■1)亲水性与憎水性

材料与水接触时能被水润湿的性质称为亲水性,反之,与水接触时不能被水润湿的性质称为憎水性(也称为疏水性)。接触角 θ 是液体在三相(液体、固体、气体)交界处的夹角,也称为润湿角。1805 年,托马斯 · 杨通过分析作用在气体环绕的固体表面的液滴的力确定了接触角 θ。

材料表面与水接触时,$\theta \leqslant 90°$为亲水性,$\theta < 5°$为超亲水性,$\theta = 0°$则表示液体能完全湿润固体表面;而 $\theta > 90°$为憎水性,$\theta > 150°$为超疏水性,$\theta = 180°$则液体完全不能湿润固体表面。超疏水材料的研究受到了“荷叶效应”的启发,荷叶与水的接触角大于 140°,所以水珠在荷叶上滚动。研究荷叶表面的微纳米结构对超疏水材料的研究具有重要的启发作用。

改变接触角可以改变材料的表面性质和耐水性能,例如外墙涂料和玻璃,如果具有超疏水性,则可以实现自清洁。除了超疏水材料,超亲水材料也用途广泛,完全不沾油但完全亲水(超疏油/超亲水)的材料在油水分离等许多领域有重要的应用前景。

■2)吸水性与吸湿性

吸水性通常用质量吸水率或体积吸水率表示。材料吸水率与其孔隙特征密切相关,如果材料内部含有大量封闭孔隙,则水分难以渗入材料内部,吸水率较小。如果材料内部含有大量粗大的开口孔隙,水分虽容易进入,但不易在孔中保留,吸水率也较小,如大孔混凝土。如果材料具有微细而连通的孔隙,则材料的吸水率高,如泡沫混凝土和蒸压加气混凝土。

材料的吸湿性与材料的孔隙特征和环境相对湿度密切相关。干燥材料在潮湿环境下能吸收空气中的水分,而潮湿材料能在干燥环境中释放水分,而且其过程是可逆的。在一定温度和相对湿度条件下，材料含水率会逐渐达到平衡状态称为平衡含水率（或称气干含水率）。同一种材料的平衡含水率随着使用环境温度和湿度的变化而变化，例如木材，当木材含水率高于该环境下的平衡含水率时，会产生干燥收缩；当木材含水率低于该环境下的平衡含水率时，会产生吸湿膨胀。因此，木材宜干燥至达到使用环境的平衡含水率，以避免木材变形。

■3）耐水性

材料抵抗水破坏作用的性质称为耐水性，用软化系数表示，按照《土木工程材料》教材中软化系数的定义，材料的软化系数在 0 和 1 之间，也就是说材料吸水饱和状态下的抗压强度小于其干燥状态下的抗压强度。荷载作用在内部孔隙含有水分的材料上时，孔隙水在应力状态下会产生渗流现象（水或其他流体通过多孔介质缓慢流动），随着孔隙尺度的减小，应力状态下水在孔隙中流动产生的孔隙压力（应力腐蚀）会导致材料内部孔隙破坏或促进微裂缝扩展，从而加速材料破坏，因此，材料在潮湿状态下的抗压强度会低于其在干燥状态时的抗压强度。

常见的混凝土、砖、石材、建筑砂浆等多孔无机非金属材料的软化系数都不会大于 1，但是在个别论文中也存在软化系数大于 1 的现象，对学生理解软化系数的概念产生了误导。这实际上是水硬性胶凝材料在水中持续水化强度继续增长导致的错误判断，也是错误使用软化系数测试方法导致的。测试软化系数的试验过程中，水硬性胶凝材料试件，如普通硅酸盐水泥混凝土在水中长期浸泡时，其强度会持续增长。如果以水中长时间浸泡试件的抗压强度与龄期相同但一直放置于常温室内的试件的抗压强度相比，水中养护的试件的抗压强度会大于常温室内养护的试件，于是出现了软化系数大于 1 的错误判断。

■4）抗渗性

抗渗性主要是指材料抵抗压力水渗透的性质，渗透系数越小，材料的抗渗性越好。但是，采用压力水渗透方法难以准确表征渗透性很低的材料（如高性能混凝土和超高性能混凝土）的抗渗性能。表征高性能混凝土或超高性能混凝土渗透性可以采用氯离子渗透性试验、气体渗透性试验等方法。渗透系数与材料的耐久性或服役寿命密切相关，对于水泥混凝土，通常认为渗透系数越小，其耐久性越好，《超高性能混凝土基本性能与试验方法》（T/CBMF 37—2018）规定：用于承重、结构的超高性能混凝土，其抗渗等级以氯离子扩散系数表示时需满足 UD05 级要求，即超高性能混凝土基体中的氯离子扩散系数 $D_{Cl} \leqslant 10^{-14}\ m^2/s$。

但是对于透水路面砖、排水沥青路面砖等材料，则要求有较高的透水系数（透水路面砖的透水系数测试方法与混凝土抗渗性测试方法不同），以满足使用功能要求。例如对于采用沥青混合料的排水沥青路面，《排水沥青路面设计与施工技术规范》（JTG/T 3350-03—2020）要求排水沥青面层渗水系数≥4 500 mL/min。沥青路面表层能很快透水，而又不致形成水膜，对抗滑性能有很大好处。因此，路面渗水系数已成为评价路面使用性能的重要指标，并被列入沥青路面设计规范。

■5）抗冻性

严寒环境对于很多工程材料而言都是严峻的考验，例如建筑钢材在严寒环境下其力学性能会急剧降低，甚至表现出明显的脆性。有机材料在严寒环境下也可能表现出明显的脆性。然而混凝土不害怕低温，混凝土由室内常温状态转入严寒环境时，其抗压强度并不会降低。按照《低温环境混凝土应用技术规范》（GB 51081—2015）“附录 A　低温环境混凝土检验方法"A.2.4 条规定,标准养护至设计龄期的混凝土试件,取出后用湿布擦去表面水分后静置于室内自然环境下 14 d,这里的室内自然环境是指温度为(20 ±5)℃、湿度为 40% ~60% 的环境。然后放入低温环境(-197 ~ -40 ℃)48 ~52 h,试件抗压强度还可以继续增长。由于持续的冻结作用,处于低温环境的混凝土试件随着温度降低,其抗压强度反而略有增长,因此,同强度等级的混凝土在低温环境中随着温度的降低,其轴心抗压强度标准值反而增大(详见 GB 51081—2015 表 4.1.2-1 和表 4.1.2-2)。例如 C40 混凝土在常温环境的轴心抗压强度标准值为 26.8 N/mm^2,温度从 -40 ℃降到 -197 ℃时,其轴心抗压强度标准值反而从 28.0 N/mm^2 增大到 36.6 N/mm^2。与此相反,建筑钢材在负温环境下,随着温度降低,其力学性能急剧衰减,甚至发生脆性破坏。

混凝土不怕冻结和严寒,但是冻融循环则可能导致混凝土力学性能严重劣化,因此,混凝土的抗冻性是指其抵御冻融循环的能力。水结冰和冰融化等物理现象对土木工程材料的物理力学性能具有显著影响。混凝土冻融循环破坏,可以简单地解释为水结冰膨胀产生的结晶压力使混凝土毛细孔破坏,从而导致混凝土力学性能逐渐劣化。混凝土结构服役过程中,主要是期望混凝土经受多次冻融循环作用后不会被破坏,其抗压强度也不会明显降低。

随着温度的变化,物质的体积也会产生相应的变化,例如常说的热胀冷缩。实际上,热胀冷缩等基本物理常识都有其适用范围,例如一些物质随着温度升高表现出热缩冷胀,或者只在一定温度范围内为热胀冷缩,而在其他温度范围内表现为热缩冷胀,例如水在 0 ~4 ℃时表现为冷胀热缩,此外还有锑、铋等元素以及镍酸铋($BiNiO_3$)和镍酸铅($PbNiO_3$)等物质,也会出现热缩冷胀现象。因此,学习材料的基础概念时,不能将物理化学的基本概念固化,更不能将普通物理化学中的所有概念都看作绝对的公理。

1.3 材料的力学性质

■1)材料的强度和强度等级

强度表征材料抵抗外力破坏的能力,是表征结构材料力学性能的重要指标,因此,必须熟练掌握强度计算公式。强度等级是结构材料力学性能的设计取值,是用统计方法对强度测试值进行统计分析并考虑安全冗余后得到的材料力学性能的设计标准值,例如 HRB400 级钢筋的抗拉屈服强度实测值可以达到 500 MPa,但考虑到安全冗余,HRB400 级钢筋的设计值取其屈服强度 400 MPa。

■2)材料的弹性和塑性

材料的弹性和塑性是针对材料受力时产生的变形是否能够恢复而言的,通常认为同类材料的塑性变形越大其韧性越好。钢材的塑性与其强度和元素含量等有关,对于同品种钢材,随着强度等级的提高,其塑性稍有降低。建筑钢材种类繁多,对于常用的热轧钢筋,随着强度等级提高,其断后伸长率稍有降低。例如 HPB300 级钢筋的断后伸长率实测值可达 30% ~35%,而 HRB500E 级钢筋的断后伸长率实测值为 25% ~30%,表现为高强度等级的热轧钢筋的塑性或韧性比低强度等级热轧钢筋的塑性或韧性稍差。当荷载较小时,建筑钢材的变形主要为可恢复的弹性变形,当荷载超过屈服强度后产生的形变主要为不可恢复的塑性变形。

■3）弹性模量

弹性模量的一般定义是：单向应力状态下应力除以该方向的应变。因此，弹性模量可以表述为材料在外力作用下抵抗变形的能力。

材料在弹性变形阶段，其应力和应变成正比例关系，即符合胡克定律，其比例系数称为弹性模量。弹性模量是描述物质弹性的物理量，是一系列变形模量的统称，包含“杨氏模量”“剪切模量”“体积模量”等。杨氏模量通常是指材料在拉伸作用下抵抗变形的能力，因此，又称为拉伸模量。

■4）材料的脆性和韧性

材料的脆性和韧性是针对材料被破坏时是否产生明显变形而言的，材料被破坏时没有明显的塑性变形则称为脆性材料；材料被破坏时有明显的塑性变形则称为韧性材料。脆性和韧性主要表征材料被破坏时的塑性变形大小。对于相同的材料，随着强度等级的增大，通常表现为韧性降低，例如高强混凝土和高强钢破坏时，其塑性变形随着强度等级的增大而逐渐降低。对于不同类型的材料，不能通过强度大小来判断其是脆性材料还是韧性材料。

混凝土受力破坏过程的变形较为复杂，同时存在弹性变形和塑性变形，因此也可以说混凝土是弹塑性材料。通常认为，混凝土受力时弹性变形较小，塑性较差，尤其是高强混凝土，属于脆性材料，但是通过掺加纤维等增韧材料，混凝土也可以表现出良好的韧性，因此，混凝土的弹塑性本构关系比钢材的更复杂。

掺加钢纤维或者具有高弹性模量的聚乙烯醇纤维，水泥基复合材料也可以具有良好的韧性，例如超高韧性水泥基复合材料（UHTCC），也称为工程水泥基复合材料（ECC）。普通混凝土无侧限受压破坏时的塑性变形通常为0.33%～0.7%，但是UHTCC的无侧限受压破坏时塑性变形可以达到3.0%，而单轴受拉破坏时的塑性变形甚至可以达到6.0%～7.0%。新型结构材料的研究日新月异，对传统的结构设计方法和结构设计原理提出了挑战。

1.4　土木工程材料的耐久性

■1）耐久性

材料在长期使用过程中，保持其原有性能不变质、不破坏的性质称为耐久性。耐久性是反映材料综合性能的概念，包括抗冻性、抗渗性、耐腐蚀性、抗老化性、耐热性和耐磨性等诸多性能指标。提高材料耐久性，对保证基础设施长期处于正常使用状态、减少维护费用、延长使用年限、节约材料等具有十分重要的意义。

影响材料耐久性（长期使用性能）的因素包括外部环境条件、服役状态和材料内在因素。其中内在因素主要有：①材料的化学成分和矿物成分。如果材料的化学成分或者矿物成分容易与酸、碱、盐等化学物质发生反应，或者材料包含易溶于水或某些溶剂的成分，则材料的耐腐蚀性能较差。②晶体结构和结晶状态。化学组成相同时，晶体材料的抗腐蚀性比非晶体材料好，这主要是由于非晶体材料的化学能较高，化学稳定性较差。③材料的孔隙率，尤其是开口孔隙率。材料的开口孔隙率越高，侵蚀性物质越容易进入材料内部，从而加剧材料腐蚀。可以通过改变材料组成、晶体结构，提高密实度和增加材料表面保护层厚度来改善材料耐久性。④材料的孔隙结构。仅用孔隙率无法准确反映材料孔隙的孔径分布和孔隙状态，孔隙结构包含孔径分布和孔隙开闭及连通状态。孔隙率相同，但是孔的数量更多、平均孔径更小的材料，其抗渗性通常更好。以混凝土为例，为了提高混凝土抗冻性，反而需要适度提高混凝土含气量。添加引气剂，虽然混凝土孔隙率增大，但是形成了更多的封闭微孔，有利于提高混凝土抗冻性。

根据中国工程院吴中伟院士提出的分类方法，孔径小于 20 nm 的孔为无害孔，孔径为 20 ~ 50 nm 的孔为少害孔，孔径为 50 ~ 200 nm 的孔为有害孔，孔径大于 200 nm 的孔为多害孔。如果混凝土中孔隙的孔径均小于 50 nm 且为封闭孔，将会显著提高混凝土耐久性，甚至可以提高混凝土力学性能。

此外，材料的耐久性与其外部环境条件和服役状态密切相关。以水泥混凝土为例，在常温的中强碱溶液（饱和氢氧化钙溶液或饱和石灰水）中养护混凝土，其抗压强度会持续增长；但是，如果在常温的强碱溶液（饱和氢氧化钠溶液）中养护混凝土，其抗压强度会逐渐降低。水泥混凝土属于碱性物质，其耐酸性相对较差。此外，材料的耐久性与其服役状态相关，例如荷载大小或者应力状态也会显著影响材料的耐久性。材料、机械零件或构件在恒应力（主要是拉应力）和腐蚀介质的共同作用下产生的失效现象称为应力腐蚀。高应力状态下，材料应力腐蚀进程会明显加速。

■2）材料耐久性和强度的相关性

通常认为材料的强度越高，耐久性越好，或者说耐久性好的材料应该具有更高的强度。实际上，高强度并不是材料耐久性良好的充分必要条件。强度与耐久性的关系是学习过程中容易误解的概念。通常认为的强度越高则耐久性越好，实质上是指随着材料强度的增大，其密实度越高，孔隙率更低，从而表现出更好的耐久性。

仍然以水泥混凝土为例，吴中伟院士认为，高性能混凝土是以耐久性为主要目标进行设计的混凝土，是以优异的耐久性，而不是高强度为主要特征。可以说，低强度等级的混凝土也可以做成高性能，并具备优异的耐久性。一些跨海大桥的桥墩所用的混凝土，90 d 抗压强度设计值仅为 20 ~ 35 MPa，但依然可以满足设计使用寿命 100 ~ 120 年的耐久性要求。但是，实际工程中，受技术水平和原材料质量等因素的限制，工程技术人员难以制备出低强度等级的高耐久性混凝土，只好通过提高混凝土强度等级来满足耐久性要求，从而陷入了混凝土强度等级越高耐久性越好的误区，造成了不必要的材料浪费。

以建筑钢材和铸铁为例，常用建筑钢材的强度通常高于普通的铸铁，但是普通铸铁的耐久性在很多环境条件下要优于建筑钢材。钢材的耐腐蚀性主要与其化学组成和组织特征有关，即使是同种钢材，也不能简单地用强度等级的高低来判断耐久性的优劣。

延长实际结构的健康服役寿命，不仅需要按照相关的标准采用满足耐久性要求的材料，还需要正确理解侵蚀介质影响材料耐久性的机理，并采取合理的防护措施。

☆标准体系

《国务院关于印发深化标准化工作改革方案的通知》（国发〔2015〕13 号）指出，政府主导制定的标准由 6 类整合精简为 4 类，分别是强制性国家标准（GB）和推荐性国家标准（GB/T）、推荐性行业标准（JGJ/T，JC/T，CJJ/T）、推荐性地方标准（DB/T）；市场自主制定的标准分为团体标准和企业标准。政府主导制定的标准侧重于保基本，市场自主制定的标准侧重于提高竞争力。同时还应建立完善的、与新型标准体系配套的标准化管理体制。

建设工程领域的团体标准,例如中国工程建设标准化协会(CECS)标准,也是我国标准体系的重要组成部分。

◆ 本章习题

一、单项选择题

(1)材料在绝对密实状态下,单位体积的质量称为(　　)。

A. 密实度　　B. 表观密度　　C. 密度　　D. 堆积密度

(2)材料在自然状态下,单位体积的质量称为(　　)。

A. 密实度　　B. 表观密度　　C. 密度　　D. 体积密度

(3)材料体积内被固体物质充实的程度称为(　　)。

A. 密实度　　B. 表观密度　　C. 密度　　D. 堆密度

(4)散粒材料堆积体积内,颗粒之间的空隙体积所占的比例称为(　　)。

A. 孔隙率　　B. 空隙率　　C. 密实度　　D. 填充率

(5)材料与水接触时能被水润湿的性质称为(　　)。

A. 吸水性　　B. 吸湿性　　C. 亲水性　　D. 憎水性

(6)材料在水中通过毛细孔隙吸收并保持水分的性质,用(　　)表示。

A. 吸水性　　B. 吸水率　　C. 亲水性　　D. 憎水性

(7)材料抵抗水破坏作用的性质称为耐水性,用(　　)表示。

A. 吸水性　　B. 吸水率　　C. 软化系数　　D. 渗透系数

(8)材料在长期使用过程中,抵抗各种自然因素及有害介质的作用,保持其(　　)不变质和不被破坏的能力称为材料的耐久性。

A. 表面状态　　B. 表观密度　　C. 原有性能　　D. 力学性能

(9)材料在外力作用下产生变形,当外力取消后,变形(　　)的性质称为弹性。

A. 逐渐增大　　B. 逐渐降低　　C. 保持不变　　D. 完全消失

(10)材料在外力作用下产生变形,当外力取消后,仍保持变形后的形状,并不产生(　　)的性质称为塑性。

A. 裂缝　　B. 弯曲　　C. 变形　　D. 拉伸

(11)材料在冲击、震动荷载作用下,能够吸收(　　),同时也能产生一定变形而不被破坏的性质称为韧性或冲击韧性。

A. 较大的变形　　B. 外界的能量　　C. 内部的能量　　D. 较大的能量

(12)我国建筑材料的技术标准主要有国家标准、(　　)、地方标准和团体标准等。

A. 建材标准　　B. 行业标准　　C. 水泥标准　　D. 建筑标准

(13)材料在微观结构层次上可以分为晶体、玻璃体和(　　)三类。

A. 复合材料　　B. 非金属　　C. 金属　　D. 胶体

(14)材料按化学成分可以分为无机材料、有机材料和(　　)三大类。

A. 复合材料　　B. 非金属　　C. 金属　　D. 聚合物

(15)材料的孔隙状况由孔隙率、(　　)、连通状态 3 个指标说明。

A. 孔径分布　　B. 开口孔　　C. 闭口孔　　D. 孔隙形貌

(16)材料内部的(　　),可以分为连通与封闭两种。

A. 微孔　　B. 开口孔　　C. 孔隙率　　D. 孔隙构造

(17) 某材料的下列指标为常数的是(　　)。

A. 密度　　B. 表观密度　　C. 导热系数　　D. 强度

(18) 受水浸泡或长期处于潮湿环境中的重要结构材料,其软化系数应不小于(　　)。

A. 0.5　　B. 0.75　　C. 0.85　　D. 1

(19) 材料在一定温度和湿度下吸附水分的能力称为(　　)。

A. 耐水性　　B. 吸湿性　　C. 吸水性　　D. 渗透性

二、判断题

(1) 多孔材料的孔隙率等于体积吸水率。(　　)

(2) 随着材料孔隙率的提高,其吸水率必然增大。(　　)

(3) 材料的平衡含水率随环境温度和湿度变化。(　　)

(4) 渗透系数越大,表示材料的抗渗性越好。(　　)

(5) 材料的吸湿作用是不可逆的。(　　)

三、计算题

(1) 已知某材料干燥状态时的破坏荷载为 240 kN,饱水时的破坏荷载为 180 kN,问该材料是否适合用作长期与水接触的工程部位结构材料。

(2) 某材料的体积吸水率为 10%,密度为 3.0 g/cm^3,绝干时的表观密度为 1 500 kg/m^3。试求该材料的质量吸水率、开口孔隙率、闭口孔隙率。

(3) 某岩石的密度为 2.75 g/cm^3,孔隙率为 1.5%,今将该岩石破碎为碎石,测得碎石的堆密度为 1 560 kg/m^3。试求此岩石的表观密度和碎石的空隙率。

(4) 组成相同的甲、乙种两墙体材料密度均为 2.7 g/cm^3。甲材料的干表观密度为 1 400 kg/m^3,质量吸水率为 17%;乙材料吸水饱和后的表观密度为 1 862 kg/m^3,体积吸水率为 46.2%。试求:①甲材料的孔隙率和体积吸水率;②乙材料的干表观密度和孔隙率;③甲、乙两材料哪种更适合用作外墙材料,说明依据。

(5) 砂和石子的表观密度是混凝土配合比设计的重要参数,取某批碎石试样 2 个,用玻璃广口瓶测试其近似密度 ρ'。步骤如下:

① 称取烘干试样 1 000 g (m_0),装入盛有半瓶水的广口瓶(容量 1 000 mL)中;

② 摇转广口瓶,使试样在水中充分搅动以排除气泡,塞紧瓶塞,静置 24 h;然后打开瓶塞,用滴管添水使水面与瓶颈刻度线齐平,塞紧瓶塞,擦干瓶外水分,称其质量 m_1(g),精确至 1 g;

③倒出广口瓶中的水和试样,洗净瓶内外,再注入与②水温相差不超过 2 ℃(并在 15 ~ 25 ℃)的冷开水至瓶颈刻度线,塞紧瓶塞,擦干容量瓶外壁水分,称其质量 m_2(g),精确至 1 g。

试样干质量及浸水 24 h 后称量数据如下表,计算碎石近似密度(精确至 0.001 g/cm^3)。

次数	试样干质量 m_0/g	碎石+水+瓶重 m_1/g	水+瓶重 m_2/g	集料体积 V/cm^3	近似密度 ρ'	近似密度平均值 $\bar{\rho}'$
1	1 000	2 378	1 750	372		
2	1 000	2 328	1 703	375		

(6)一辆容积2 m^3 的小型卡车可以运载卵石3 500 kg,用排水法检验得卵石的表观密度为2.63 g/cm^3。问:在卡车中要用多少松散体积的砂才能填满卵石的空隙?

2

气硬性胶凝材料

❖ 本章导读

生石灰、建筑石膏、氧化镁、水玻璃不仅是主要的气硬性胶凝材料，也是重要的工业原材料，其中用量最大的是生石灰和建筑石膏。本章的重点是掌握气硬性胶凝材料的概念以及生石灰和建筑石膏的水化及凝结硬化特性，理解气硬性胶凝材料制品应用时水的不利影响。

➢ 知识目标

(1)掌握胶凝材料的概念、特点及其分类。
(2)掌握气硬性胶凝材料和水硬性胶凝材料的概念。
(3)掌握建筑石膏和生石灰的水化硬化特点和机理。
(4)熟悉建筑石膏的主要技术特点和应用要求。
(5)熟悉建筑生石灰和建筑消石灰的主要技术特点和应用要求。

➢ 技能目标

(1)了解建筑石膏及其制品的应用技术要求和防水处理方法。
(2)了解石灰(建筑生石灰和建筑消石灰)的主要用途和应用技术要求。

➢ 重点难点释疑

■胶凝材料的定义和分类

胶凝材料应用历史悠久，种类繁多，包括无机胶凝材料、有机胶凝材料以及复合胶凝材料等，其中，建筑工程中使用最广泛、用量最大的胶凝材料是水泥、石膏和石灰等无机胶凝材料。

除传统的胶凝材料外,低碳、环保的新型胶凝材料也层出不穷,如众多具有优异工程特性的无机胶凝材料(如磷酸盐水泥、碱激发水泥等),以及类型众多的有机胶凝材料(如沥青、环氧树脂、橡胶等)。

无机胶凝材料按照凝结硬化条件分为气硬性胶凝材料和水硬性胶凝材料,二者本质的区别体现在是否能够更好地在水中凝结硬化,保持并继续发展强度。气硬性胶凝材料,如石膏、石灰、水玻璃等只能在空气中凝结硬化,也只能在空气中保持或继续发展其强度;水硬性胶凝材料,如通用硅酸盐水泥和硫铝酸盐水泥不仅能在空气中硬化而且能更好地在水中凝结硬化,保持并继续发展强度。气硬性胶凝材料耐水性差,只适用于地上或干燥环境。水硬性胶凝材料耐水性好,既适用于地上工程,也适用于地下或水中的工程。

2.1 石　膏

◇1)石膏的分类和应用

石膏通常指天然二水石膏。石膏通常从闭塞的海湾或盐湖的过饱和溶液中沉积得来,与硬石膏和岩盐共生;也可以在自沉盐湖(如死海)的沉积层中生成。石膏(二水石膏和硬石膏)矿不仅储量巨大——我国已探明的各类石膏矿储量达700亿t,其中硬石膏(无水石膏)约占60%;而且分布极为广泛——山东、内蒙古、青海、湖南、湖北、宁夏、西藏、安徽、江苏和四川等10个省、自治区的探明储量均超过10亿t。理论上石膏还可循环利用,且生产能耗低,因此,建筑石膏被视为可持续的绿色低碳胶凝材料。

新石器时期,石膏已经用作建筑材料,在公元前7 000年的安纳托利亚(现土耳其境内)和公元前6 000年的杰里科(现以色列境内)的建筑遗址中,石膏已经被用于制作建筑装饰材料。目前,石膏不仅大量用于建筑石膏制品和通用硅酸盐水泥,还大量用于医药、化工和食品生产等领域。

为了保护环境,天然石膏的开采受到了限制,加之工业副产石膏大量堆存严重影响环境,因此,工业副产石膏大量替代天然石膏已经迫在眉睫。据《中国工业副产石膏市场深度调研与预测报告(2018版)》显示,2018年度我国工业副产石膏产生量约1.18亿t,综合利用率仅为38%。其中,脱硫石膏约4 300万t,综合利用率约56%;磷石膏约5 000万t,综合利用率约20%;其他副产石膏约2 500万t,综合利用率约40%。利用工业副产石膏代替天然石膏用于制备建筑材料不仅可以减少开采天然石膏矿产生的环境破坏问题,还可以减少副产石膏堆存和排放产生的环境污染问题。由于石膏相变较为复杂,且工业副产石膏含有不同类型的杂质,所以磷石膏等工业副产石膏利用率较低。工业副产石膏的建材资源化是解决磷石膏等工业固体废弃物污染的最有效途径,而这都是以石膏的凝结硬化机理和相变研究为基础的。

■2)建筑石膏的凝结硬化

建筑石膏(半水石膏,$CaSO_4 \cdot \frac{1}{2}H_2O$)与水接触后快速水化生成二水石膏($CaSO_4 \cdot 2H_2O$)。建筑石膏的凝结硬化过程看似简单,但其与水拌和后快速发生一系列的物理化学变化,这个过程包括建筑石膏水化形成二水石膏胶体,然后二水石膏胶体凝聚结晶形成晶体;此后，二水石膏晶体颗粒不断长大、共生、交错，强度不断增长，直至硬化体完全干燥。

●3）建筑石膏的缓凝

建筑石膏初凝时间通常为 3～6 min，终凝时间不超过 30 min。建筑石膏实际应用时，常掺加缓凝剂。建筑石膏的缓凝剂包括有机酸及其可溶盐、碱性磷酸盐以及蛋白质类等三大类。有机酸及其可溶盐类缓凝剂主要有柠檬酸、柠檬酸钠、酒石酸、酒石酸钾、丙烯酸及丙烯酸钠等，其中研究最多、效果最好的是柠檬酸及其盐。柠檬酸及其盐在掺量很小的情况下即可达到较强的缓凝效果。磷酸盐类缓凝剂主要有六偏磷酸钠、多聚磷酸钠等，其中常用的有柠檬酸钠、多聚磷酸钠和硼砂等。

●4）二水石膏及其脱水相

二水石膏（$CaSO_4 \cdot 2H_2O$）又称石膏或生石膏，石膏矿物可以在自然界中稳定存在，常说的石膏矿物的主要组分就是二水石膏。二水石膏及其脱水产物，目前公认的是 5 个相、7 个变体，分别是二水石膏、α 型与 β 型半水石膏、α 型与 β 型硬石膏Ⅲ、硬石膏Ⅱ和硬石膏Ⅰ。

二水石膏高温脱水过程发生了极为复杂的物相变化（图 2.1）。40 ℃时，二水石膏就开始缓慢脱水，随着温度升高，脱水速度逐渐加快，约 107 ℃时，二水石膏脱水速度已经达到峰值。但是，工业上为了提高生产效率，二水石膏炒制温度通常可以达到 170～190 ℃。在升温过程中，二水石膏脱水后不仅生成半水石膏，还可以生成无水石膏，如 α-$CaSO_4$ Ⅲ。随着温度继续升高，半水石膏还可以继续脱水生成不同类型的无水石膏。关于二水石膏及其脱水相，本课程的学习重点是掌握二水石膏及 α 型与 β 型半水石膏这 3 种石膏相的特点。

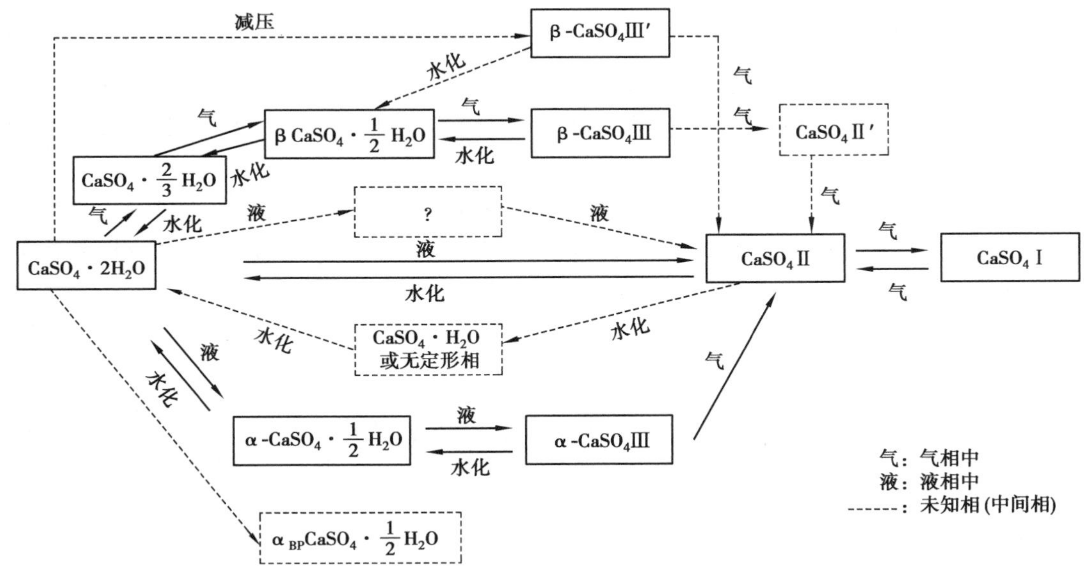

图 2.1 二水石膏高温脱水相变

◇5）石膏制品的耐水性

建筑石膏的溶解度为 8.16 g/L（20 ℃），溶解度高也决定了建筑石膏制品的耐水性较差，其软化系数通常为 0.3～0.45。耐水性较差是限制建筑石膏制品工程应用的主要原因，潮湿环境和与水接触的环境，不推荐使用建筑石膏制品，如建筑物的外墙和卫生间一般不用建筑石膏制品。降低建筑石膏的需水量可以提高石膏制品的耐水性,如掺加适用于建筑石膏的减水剂,可以提高建筑石膏制品的短期耐水性。此外,表面涂刷含有机硅或石蜡的有机乳液也可以提高建筑石膏制品的防潮性和短期耐水性。

改善建筑石膏制品的耐水性是石膏研究领域的重要课题,也是难度极大的课题,尤其是改善建筑石膏制品的长期耐水性。掺加硅酸盐水泥改善石膏制品耐水性的方式存在较大的争议,理论上掺加少量硅酸盐水泥即可显著改善建筑石膏制品的耐水性,但是实际生产时很少采用这种方法。有观点认为,硅酸盐水泥的颜色和石膏的颜色差异大是不能用硅酸盐水泥改善建筑石膏制品耐水性的主要原因。然而,颜色差异不是主要原因,如果仅仅是颜色差异,采用白色硅酸盐水泥即可。实际上,硅酸盐水泥不能掺加在建筑石膏中并不是因为硅酸盐水泥和建筑石膏存在颜色差异,而是因为掺加硅酸盐水泥之后带来的建筑石膏制品的体积稳定性问题。

建筑石膏凝结速度快,掺入的硅酸盐水泥还未充分水化,建筑石膏就已经凝结硬化,水泥颗粒包裹在二水石膏晶体中。未水化的水泥颗粒与二水石膏在碱性环境下生成延迟性钙矾石,产生不均匀的体积膨胀,导致处于约束状态的建筑石膏制品翘曲变形甚至开裂。在室内试验过程中,小尺寸的试件处于无约束状态,即使有微膨胀也不会产生翘曲或开裂,但是对于大尺寸且变形受到约束的建筑石膏制品,生成延迟性钙矾石会导致翘曲变形甚至开裂问题。此外,即使掺加少量水泥(也有研究者认为石膏制品中水泥掺量不大于5%甚至10%,就不会产生体积稳定性问题),也只是改善建筑石膏制品的短期耐水性,建筑石膏与硅酸盐水泥复合后依然是气硬性胶凝材料,其长期耐水性依然较差,毕竟二水石膏可以溶于水是其本质特性。

◇6)石膏制品的工程应用问题

石膏制品的工程应用需要适宜的环境和正确的施工方法。石膏制品不宜用于潮湿和高温环境,不正确的施工方法也会导致诸多问题。此外,石膏制品的正确利用,还需要配套的材料或专用材料。

需要注意的是,表面处理或改性可以改善石膏制品的防水性能,但也会导致石膏制品与石膏砂浆等黏结材料的黏结强度降低,使饰面层容易出现空鼓等质量问题。此外,石膏制品不宜与水泥砂浆结合使用,因为石膏制品表面光滑,与水泥砂浆的黏结强度较低,可能出现界面黏结强度降低以及空鼓开裂等问题。

2.2 石　灰

●1)石灰的分类和应用

石灰包括生石灰和消石灰(熟石灰)。生石灰烧制工艺的主要发展趋势是采用回转窑高温煅烧破碎成颗粒的石灰石来制备。生石灰除了可用于生产墙体材料(例如蒸压加气混凝土砌块和墙板等)和制备路基垫层的三合土外,还可用于冶金、化工、医药和农业等领域,是一种用途极为广泛的原材料。

消石灰目前主要由专业化工厂生产,为了保护环境、减少建筑扬尘和避免烫伤等安全事故,除道路工程和偏远地区外,建筑工地已经不再设置生石灰消解池自行生产消石灰,而是直接购买工厂生产的消石灰粉或石灰膏。此外,目前已极少用消石灰或石灰膏与水泥复掺来制备混合砂浆,而是通过掺砂浆专用外加剂来改善建筑砂浆的保水性和稠度。

■2)生石灰的凝结硬化

生石灰与水拌和后,会快速释放出大量的热,并在空气中通过结晶作用和碳化作用缓慢地凝结硬化,室内常温环境下,生石灰浆体硬化通常需要 5 ~7 d。生石灰浆体硬化后也有一定的强度,但强度很低,28 d 抗压强度通常不到 0.5 MPa。此外,生石灰浆体硬化后会产生显著的体积收缩,且硬化体耐水性极差。尽管 $Ca(OH)_2$ 在水中的溶解度很低(0.166 g/100 mL,20 ℃),微溶于水,但是石灰硬化体遇水后,$Ca(OH)_2$ 与水结合会生成溶解度较大的氢氧化钙水合物[$Ca(OH)_2 \cdot 2H_2O$ 和 $Ca(OH)_2 \cdot 12H_2O$],导致石灰硬化体快速软化甚至溃散。

☆3)石灰固化土的水稳定性

通常认为生石灰或消石灰不宜在长期与水接触或潮湿的环境中使用,也不宜单独用于建筑的基础。但是,道路工程却又采用生石灰或消石灰制备三合土或二灰土作为路基垫层,其原因如下。

长期的工程实践证明,三合土(石灰—黏土—砂)具有一定的水稳定性,而产生水稳定性的主要原因是:①土中的矿物(如高岭土、蒙脱土和伊利石等)具有带电性、吸附性和巨大的比表面能,土中的活性二氧化硅遇水后生成硅酸胶体,其表面带有 Na^+ 和 K^+,可与 Ca^{2+} 发生当量吸附交换,使小的土颗粒形成较大的颗粒;②Ca^{2+} 超过离子交换量时,与土中的少量活性 SiO_2 和 Al_2O_3 反应,生成不溶于水的稳定矿物——水化硅酸钙和水化铝酸钙。

二灰土(石灰—粉煤灰—黏土)除发生类似于三合土的吸附交换和离子交换以外,其具有水稳定性的原因还包括:①粉煤灰含有活性二氧化硅和活性三氧化二铝,粉煤灰与$Ca(OH)_2$可以发生火山灰反应生成水化硅酸钙凝胶(C—S—H);②熟石灰的结晶和碳化作用。

三合土或二灰土中所指的土可以是黄土、膨胀土等,也可以是碎石,例如石灰—粉煤灰—碎石。出于保护环境的目的,石灰的生产受到了极大的限制,因此,近年来三合土或二灰土的工程应用也受到了极大的限制,目前主要用于低等级公路的基层。高等级公路的基层多采用水泥稳定碎石(水稳层)。

☆4)水硬性石灰

熟石灰可以分为两类,一类是气硬性石灰,常用碳酸钙含量高的石灰石烧制的生石灰消化而成;另一类是土木工程材料教材中很少提及的水硬性石灰。水硬性石灰是用黏土质石灰石或二氧化硅含量较高的硅质石灰石烧制的生石灰消化而成,因其中含有硅酸二钙矿物而具有水硬性。水硬性石灰还可以通过在消石灰中掺加水硬性矿物(如硅酸钙或铝酸钙矿物)制得。

■5)生石灰的熟化

土木工程材料教材中通常给出的生石灰熟化时间是至少 14 d(2 周)。生石灰的熟化时间与其颗粒粒度大小有关。《砌筑砂浆配合比设计规程》(JGJ/T 98—2010)第 3.0.4 条规定,生石灰熟化成石灰膏时,应用孔径不大于 3 mm×3 mm 的网过滤,熟化时间不得少于 7 d;磨细生石灰的熟化时间不得少于 2 d。

●6)氢氧化钙的溶解度

通常认为可溶性固体的溶解度随着温度升高而增加,例如氯化钠和氯化钙等易溶盐在水中的溶解度随着温度升高而升高。然而,需要注意的是,$Ca(OH)_2$ 的溶解度(表 2.1)随着温度升高而降低。

表 2.1　$Ca(OH)_2$ 的溶解度

单位:g/100 mL

温度/℃	0	10	20	30	40	50	60	70	80	90
溶解度	0.185	0.176	0.165	0.153	0.141	0.138	0.116	0.106	0.094	0.085

$Ca(OH)_2$ 的溶解度随着温度升高而降低的原因是:①大多数固体物质溶于水时吸收热量,根据化学平衡移动原理,当温度升高时,平衡有利于向吸热的方向移动,所以,溶解度随温度升高而增大;而 $Ca(OH)_2$ 溶解时释放热量,它们的溶解度随着温度的升高而降低。②$Ca(OH)_2$的两种水合物[$Ca(OH)_2 \cdot 2H_2O$ 和 $Ca(OH)_2 \cdot 12H_2O$]的溶解度较大,而 $Ca(OH)_2$的溶解度很小,由于 $Ca(OH)_2$ 溶解放热导致水溶液温度升高,随着温度的升高,氢氧化钙结晶水合物逐渐变为 $Ca(OH)_2$,所以,$Ca(OH)_2$ 的溶解度就随着温度的升高而减小。

《水泥和混凝土化学》《水泥化学》给出的 $Ca(OH)_2$ 在水中的溶解度与表 2.1 存在差异,但是,随着温度升高,$Ca(OH)_2$ 在水中的溶解度降低的规律是一致的。此外,当有碱金属氢氧化物存在时,氢氧化钙的溶解度也会降低。

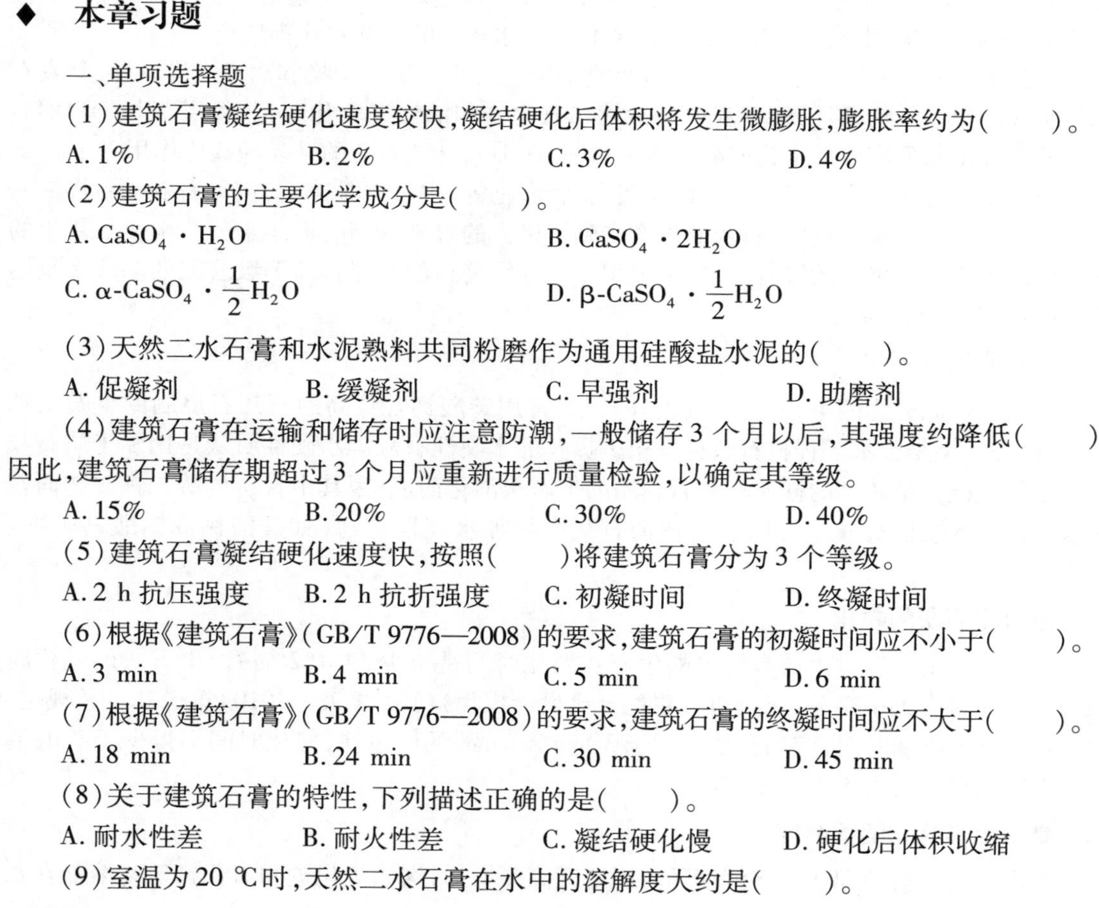

◆　本章习题

一、单项选择题

(1)建筑石膏凝结硬化速度较快,凝结硬化后体积将发生微膨胀,膨胀率约为(　　)。

A. 1%　　B. 2%　　C. 3%　　D. 4%

(2)建筑石膏的主要化学成分是(　　)。

A. $CaSO_4 \cdot H_2O$　　B. $CaSO_4 \cdot 2H_2O$

C. $\alpha\text{-}CaSO_4 \cdot \frac{1}{2}H_2O$　　D. $\beta\text{-}CaSO_4 \cdot \frac{1}{2}H_2O$

(3)天然二水石膏和水泥熟料共同粉磨作为通用硅酸盐水泥的(　　)。

A. 促凝剂　　B. 缓凝剂　　C. 早强剂　　D. 助磨剂

(4)建筑石膏在运输和储存时应注意防潮,一般储存 3 个月以后,其强度约降低(　　)。因此,建筑石膏储存期超过 3 个月应重新进行质量检验,以确定其等级。

A. 15%　　B. 20%　　C. 30%　　D. 40%

(5)建筑石膏凝结硬化速度快,按照(　　)将建筑石膏分为 3 个等级。

A. 2 h 抗压强度　　B. 2 h 抗折强度　　C. 初凝时间　　D. 终凝时间

(6)根据《建筑石膏》(GB/T 9776—2008)的要求,建筑石膏的初凝时间应不小于(　　)。

A. 3 min　　B. 4 min　　C. 5 min　　D. 6 min

(7)根据《建筑石膏》(GB/T 9776—2008)的要求,建筑石膏的终凝时间应不大于(　　)。

A. 18 min　　B. 24 min　　C. 30 min　　D. 45 min

(8)关于建筑石膏的特性,下列描述正确的是(　　)。

A. 耐水性差　　B. 耐火性差　　C. 凝结硬化慢　　D. 硬化后体积收缩

(9)室温为 20 ℃时,天然二水石膏在水中的溶解度大约是(　　)。

A. 2.05 g/L　　B. 7.06 g/L　　C. 8.16 g/L　　D. 0 g/L

(10)室温为 20 ℃时,天然建筑石膏在水中的溶解度大约是(　　)。

A. 2.05 g/L　　B. 7.06 g/L　　C. 8.16 g/L　　D. 0 g/L

(11)为减小石灰硬化过程中的干燥收缩,可以采取的措施是(　　)。

A. 加大用水量　　B. 减少单位用水量　　C. 加入麻刀、纸筋　　D. 加入水泥

(12)下列材料中具有调节室内湿度功能的是(　　)。

A. 石膏　　B. 石灰　　C. 膨胀水泥　　D. 水玻璃

(13)生石灰消解反应的特点是(　　)。

A. 放出大量热且体积收缩　　B. 放出大量热且体积显著膨胀

C. 吸收大量热且体积显著膨胀　　D. 吸收大量热且体积收缩

(14)石灰熟化过程中,陈伏的目的是(　　)。

A. 利于结晶　　B. 蒸发多余水分

C. 消除过火石灰的危害　　D. 降低发热量

(15)钙质生石灰中氧化镁的含量应不大于(　　)。

A. 3%　　B. 5%　　C. 8%　　D. 10%

(16)钙质生石灰中含量最高的有效成分是(　　)。

A. 氧化镁　　B. 氢氧化钙　　C. 氧化钙　　D. 碳酸钙

(17)用于配制抹灰砂浆的石灰膏熟化时间不应少于(　　)。

A. 3 d　　B. 7 d　　C. 15 d　　D. 30 d

(18)用于配制罩面抹灰砂浆的石灰膏的熟化时间不应少于(　　)。

A. 3 d　　B. 7 d　　C. 15 d　　D. 30 d

二、判断题

(1)20 ℃时,天然二水石膏在水中的溶解度大约是建筑石膏的 4 倍。(　　)

(2)建筑石膏的标准稠度用水量小于高强石膏。(　　)

(3)建筑石膏的强度等级是以 2 h 抗压强度确定的。(　　)

(4)建筑石膏的强度等级是以 2 h 抗折强度确定的。(　　)

(5)石膏制品防火性能良好,因此可用于长期经受高温的部位。(　　)

(6)石灰的水化过程是放热及体积膨胀的过程。(　　)

(7)石灰砂浆可用于砌筑处于潮湿环境的房屋基础工程。(　　)

(8)氧化镁的含量不大于 5% 的生石灰称为镁质石灰。(　　)

(9)生石灰浆体硬化后再次遇水其强度会显著降低。(　　)

三、问答题

(1)什么是胶凝材料?气硬性胶凝材料和水硬性胶凝材料有何区别?

(2)什么是欠火石灰、过火石灰?各有何特点?石灰熟化成石灰浆时,一般应在储灰坑中陈伏两周以上,为什么?

(3)简述建筑石膏的凝结硬化过程和硬化机理。

(4)石灰浆体在空气中逐渐硬化,包括哪两个同时进行的过程?简述石灰浆体凝结硬化过程发生的主要化学反应及其作用。

(5)过火石灰的水化特点及其用于实际工程时存在何种危害?

3

水泥

❖ 本章导读

通用硅酸盐水泥是非常重要的土木工程材料。掌握硅酸盐水泥熟料的矿物组成和硅酸盐水泥的水化硬化特性，不仅是掌握水泥性能和技术性能的基础，也是掌握混凝土性能及其工程应用技术特点的基础。因此，学习本章后，首先需要掌握硅酸盐水泥熟料主要矿物的水化特性，其次需要掌握硅酸盐水泥的凝结硬化机理及其影响因素。

➢ 知识目标

(1)掌握通用硅酸盐水泥的概念、种类和特点。
(2)了解硅酸盐水泥的生产工艺。
(3)掌握硅酸盐水泥熟料的矿物组成。
(4)掌握硅酸盐水泥的水化硬化机理及其影响因素。
(5)掌握硅酸盐水泥的主要技术特点和基本性能。
(6)熟悉硅酸盐水泥的腐蚀类型和原因。

➢ 技能目标

(1)掌握硅酸盐水泥和普通硅酸盐水泥的主要技术指标。
(2)能够根据工程特点合理选用通用硅酸盐水泥。

➢ 重点难点释疑

●水泥的分类

水泥通常是指具有水硬性的胶凝材料，水泥类型众多，用量最大的水泥是以硅酸盐水泥和普通硅酸盐水泥为代表的通用硅酸盐水泥。硅酸盐水泥熟料的矿物包括硅酸三钙(C_3S)、硅酸二钙(C_2S)、铝酸三钙(C_3A)和铁铝酸四钙(C_4AF),硅酸盐水泥也被称为第一系列水泥。

在硅酸盐水泥之后还诞生了第二系列水泥和第三系列水泥。第二系列水泥是指以铝酸钙(CA)矿物为主的各种铝酸盐水泥(高铝水泥)。第三系列水泥包括各种硫铝酸盐水泥和铁铝酸盐水泥,硫铝酸盐水泥熟料的主要矿物成分为无水硫铝酸钙(C_4A_3S)和少量硅酸二钙(C_2S);铁铝酸盐水泥熟料的主要矿物有无水硫铝酸钙、硅酸二钙和铁相(C_6AF_2 或 C_4AF)。

3.1 硅酸盐水泥

●1)硅酸盐水泥熟料的生产

通用硅酸盐水泥包括硅酸盐水泥、普通硅酸盐水泥、矿渣硅酸盐水泥、粉煤灰硅酸盐水泥、火山灰硅酸盐水泥和复合硅酸盐水泥六大类。通用硅酸盐水泥的产量约占我国水泥总产量的90%。《中国统计年鉴》(2000—2020 年)显示,2014 年我国的水泥年产量达到了近年的最高值,为 24.8 亿 t,此后稳定在 24 亿 t 左右,2019 年为 23.4 亿 t,2020 年为 23.8 亿 t,2021 年为 23.6 亿 t(图 3.1)。

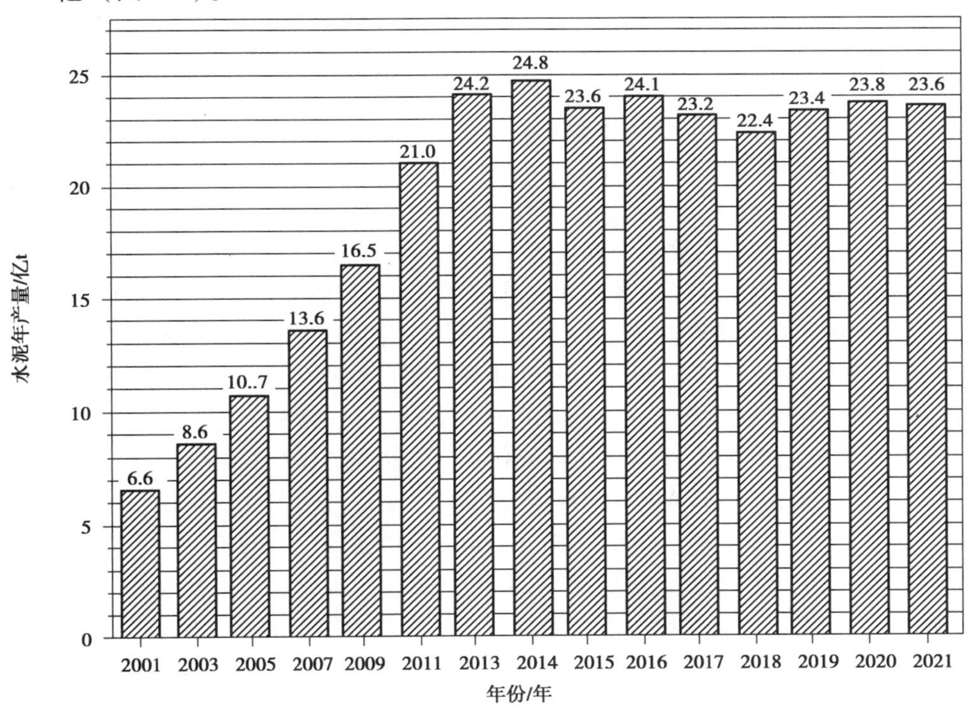

图 3.1 水泥年产量示意图

通用硅酸盐水泥生产的核心是水泥熟料煅烧,硅酸盐水泥熟料是一种由主要含 CaO、SiO_2、Al_2O_3、Fe_2O_3 的原料按照适当配比磨成细粉,烧至部分熔融所得的以硅酸钙为主要矿物的产物。硅酸盐水泥熟料烧成之后与天然石膏以及不同类型和掺量的混合材共同粉磨,制成不同类型的通用硅酸盐水泥。

硅酸盐水泥熟料的煅烧，目前主要采用预分解窑煅烧技术，即新型干法生产技术，也称窑外预分解技术。预分解窑煅烧技术是将经过悬浮预热后的生料送入分解炉内，在悬浮状态下迅速吸收分解炉内燃料燃烧产生的热量，使生料中的碳酸盐迅速分解的技术。传统的水泥熟料煅烧，其燃料燃烧和需热量大的碳酸盐分解过程都在回转窑内完成。而预分解窑煅烧技术是在悬浮预热窑和回转窑之间增设一个分解炉或利用窑尾上升烟道增设燃料喷射装置，将熟料煅烧所需燃料的大约60%转移到分解炉内，这样不仅减少了窑内燃烧带的热负荷，更重要的是使燃料燃烧的放热过程与生料碳酸盐分解的吸热过程在悬浮状态或流化状态下极其迅速地进行，入窑生料的分解率由悬浮预热窑的30%～45%提高到85%～95%，大幅度提高了生产效率。预分解窑煅烧技术是继悬浮预热窑后水泥工业的又一次重大技术创新，它是水泥生产的主导技术，也代表着回转窑的发展方向。

■2）硅酸盐水泥熟料的矿物组成

硅酸盐水泥熟料主要由4种矿物组成，即硅酸三钙、硅酸二钙、铝酸三钙和铁铝酸四钙，这4种矿物的特性和水化反应决定了水泥的主要物理力学性能。因此，要理解水泥的凝结硬化特性，首先要熟悉上述4种矿物的特性和水化反应。

土木工程材料教材给出了上述4种矿物的水化反应速度差异、水化热以及对强度发展的贡献，表明通过调控矿物组成可以调节水泥的物理力学性能。在生产水泥熟料时则可通过调整钙硅比等参数来调控矿物组成，从而生产出满足不同工程应用要求的水泥。此外，除了矿物组成，还可以用氧化物含量来表示水泥的化学组成，但这只是表示方式，并不是说水泥的成分以金属或非金属氧化物的形式存在。

■3）硅酸盐水泥的水化

硅酸盐水泥的水化机理是学习土木工程材料的重点和难点，只有深刻理解硅酸盐水泥的水化特征和机理，才能真正掌握水泥和混凝土的基本物理力学性能的变化规律。对于土木工程专业的学生而言，有大学化学的课程学习基础，完全可以理解水泥水化反应的基本原理。

硅酸盐水泥的水化主要是组成矿物遇水之后的水化反应，土木工程材料教材中给出了硅酸三钙、硅酸二钙、铝酸三钙和铁铝酸四钙这4种主要矿物遇水后的水化反应方程式，反应方程式中也给出了水化产物的分子式，例如$3CaO \cdot 2SiO_2 \cdot 3H_2O$和$3CaO \cdot Al_2O_3 \cdot 6H_2O$。

$$2(3CaO \cdot SiO_2) + 6H_2O = 3CaO \cdot 2SiO_2 \cdot 3H_2O + 3Ca(OH)_2$$

$$2(2CaO \cdot SiO_2) + 4H_2O = 3CaO \cdot 2SiO_2 \cdot 3H_2O + Ca(OH)_2$$

$$3CaO \cdot Al_2O_3 + 6H_2O = 3CaO \cdot Al_2O_3 \cdot 6H_2O$$

水泥矿物的水化反应方程式看似简单，但水泥矿物的水化反应和水化过程却极为复杂，水化产物的类型和组成原子的比例也极为复杂。采用较为简单的水化反应方程式，主要是为了便于理解和初步掌握水泥水化机理。需要说明的是，水化硅酸钙和水化铝酸钙属于非化学计量化合物，其原子组成的比值不是整数，而是在一定范围内波动，需要用小数表示化合物中的原子比例。

自然界中存在水化硅酸钙晶体（较为稀少），但是常温条件下水泥浆体生成的水化硅酸钙结晶很差，属于无定形态化合物，而且随着水化程度、温度和水灰比等因素的变化，水化硅酸钙的相组成范围也不同。此外，水泥中的离子（如硫酸根离子，以及铝、铁、镁和碱金属离子）也可以进入水合物的结构中，导致水化硅酸钙的结构更为复杂。关于水化硅酸钙结构的讨论，感兴趣的同学可阅读 F M Lee 的《水泥和混凝土化学》及 H F W Taylor 的《Cement Chemistry》等经典著作。

■4)硅酸盐水泥的强度

《通用硅酸盐水泥》(GB 175—2020)规定，包括硅酸盐水泥在内的通用硅酸盐水泥的强度采用《水泥胶砂强度检验方法(ISO 法)》(GB/T 17671—2021)测定，要求不同强度等级的水泥产品各龄期强度值均不能低于规范限值(强度指标)，否则为不合格品。《通用硅酸盐水泥》(GB 175—2020)为全文强制标准。

需要注意的是，通用硅酸盐水泥产品有强度等级要求，但是水泥熟料只有强度限值，而没有规定强度等级。《硅酸盐水泥熟料》(GB/T 21372—2008)规定，硅酸盐水泥熟料的 3 d 抗压强度不小于 26 MPa，28 d 抗压强度不小于 52.5 MPa。通过调节水泥细度及混合材和助磨剂等的种类和掺量，可以制备出不同强度等级的通用硅酸盐水泥。例如，62.5R 强度等级的水泥除对熟料质量要求较高外，主要通过提高水泥的比表面积来实现。

■5)硅酸盐水泥的细度

《通用硅酸盐水泥》(GB 175—2007)第 7.3.4 条规定，硅酸盐水泥和普通硅酸盐水泥的细度以比表面积表示，其比表面积不小于 300 m^2/kg；矿渣硅酸盐水泥、火山灰质硅酸盐水泥、粉煤灰硅酸盐水泥和复合硅酸盐水泥的细度以筛余表示，其 80 μm 方孔筛筛余不大于 10% 或 45 μm 方孔筛筛余不大于 30%。

《通用硅酸盐水泥》(GB 175—2020)第 6.4.4 条规定，硅酸盐水泥的细度以比表面积表示，不低于 300 m^2/kg，但不大于 400 m^2/kg；普通硅酸盐水泥、矿渣硅酸盐水泥、火山灰质硅酸盐水泥、粉煤灰硅酸盐水泥和复合硅酸盐水泥的细度以 45 μm 方孔筛筛余表示，不小于 5%。

《通用硅酸盐水泥》(GB 175—2020)不仅对硅酸盐水泥比表面积提出了下限值要求，也给出了上限值，而《通用硅酸盐水泥》(GB 175—2007)对硅酸盐水泥和普通硅酸盐水泥的比表面积只规定了下限值，于是出现了硅酸盐水泥和普通硅酸盐水泥过细的现象，很多水泥的比表面积超过 400 m^2/kg，有些甚至接近 500 m^2/kg。水泥过细会导致混凝土干燥收缩值增大，混凝土开裂风险增大，同时，水泥后期水化潜力显著降低，对混凝土的长期性能产生了不利影响。因此，在对《通用硅酸盐水泥》(GB 175—2007)进行修订的过程中考虑到水泥过细对混凝土长期性能的不利影响，对水泥的细度进行了限制。水泥细度是强制性指标，细度不合格的水泥为不合格品。

■6)安定性

水泥安定性不良会导致混凝土破坏，甚至导致工程事故。水泥安定性不良的原因主要包括游离氧化钙、氧化镁或石膏含量超标。《硅酸盐水泥熟料》(GB/T 21372—2008)表 1 给出了硅酸盐水泥熟料中 f-CaO≤1.5%(质量分数)的限制，《通用硅酸盐水泥》(GB 175—2020)对氧化镁和 SO_3 含量也给出了明确的限值，以避免因游离氧化钙、氧化镁或石膏含量超标而导致水泥安定性不良的问题。检验 f-CaO 含量对水泥安定性的影响，可以采用沸煮法。但是针对氧化镁含量超标引起的水泥安定性问题，由于氧化镁水化速度慢，采用沸煮法不一定能够准确判定氧化镁是否会导致水泥安定性不良，因此，通常采用压蒸法判定安定性。《通用硅酸盐水泥》(GB 175—2020)规定氧化镁的限值，并采用压蒸法检验安定性，为水泥安定性合格设立了双重保险。

■7)碱含量

规定水泥中的碱含量限值,主要是为了防止混凝土发生碱—集料反应。碱含量是选择性指标,碱含量超过0.60%的限值并不是意味着混凝土必然会发生碱—集料反应,碱—集料反应的发生还需要考虑集料中活性物质的含量和使用环境。

■8)氯离子含量

《通用硅酸盐水泥》(GB 175—2007)第7.1节规定,水泥中的氯离子含量不应大于0.06 %,《通用硅酸盐水泥》(GB 175—2020)第6.1节规定,水泥中的氯离子含量不应大于0.10 %。

《混凝土结构设计规范》(GB 50010—2010)表3.5.3规定,预应力钢筋混凝土中氯离子含量(氯离子与胶凝材料总量的质量比)应小于0.06%,环境等级为三b类时,普通钢筋混凝土中氯离子含量不大于0.1%,而环境等级为一类时,普通钢筋混凝土中氯离子含量不大于0.3%。氯离子对混凝土结构耐久性的影响还与结构服役环境有关。因此,综合考虑国内外标准对氯离子含量限值的规定以及工业废渣利用和水泥窑协同处置废物技术的发展,《通用硅酸盐水泥》(GB 175—2020)将水泥中氯离子含量限值从0.06%提高到了0.1%。

■9)水化热

熟料矿物水化时会放出热量,水泥熟料中单矿物水化热见表3.1。

表3.1　水泥熟料中单矿物水化热

单位:kJ/kg

矿物	水化龄期					完全水化
	3 d	7 d	28 d	90 d	180 d	
C_2S	405.8	460.2	485.3	518.8	564.8	669.4
C_3S	62.76	104.6	167.4	196.6	230.1	351.5
C_3A	507.0	661.1	874.5	1 025.1	1 025.1	1 062.7
C_4AF	175.7	251.6	376.6	414.16	—	569.0

不同研究者得到的水泥熟料矿物的水化热数值有一定的差异,但水化放热规律是一致的。水泥的水化热与其矿物组成、细度和混合材掺量有关,实际工程中更关注水泥产品的水化热,例如普通硅酸盐水泥3 d水化热通常为260 ~ 280 kJ/kg,7 d水化热通常为300 ~ 330 kJ/kg。

由于混凝土蓄热能力强[混凝土蓄热系数为17.04 W/(m^2·K)],水泥水化产生的热量蓄积在混凝土中,混凝土内部温度会逐渐升高,尤其是大体积混凝土,其内部温升甚至可以超过50 ℃,因此《大体积混凝土施工标准》(GB 50496—2018)第4.2.1条第2款规定,配制大体积混凝土时应选用水化热低的通用硅酸盐水泥,3 d水化热不宜大于250 kJ/kg,7 d水化热不宜大于280 kJ/kg;当选用52.5强度等级水泥时,7 d水化热宜小于300 kJ/kg。

10)硅酸盐水泥石的腐蚀

硅酸盐水泥水化硬化后主要的水化产物包括水化硅酸钙凝胶、钙矾石和氢氧化钙,因此,硅酸盐水泥石的腐蚀实质是水化产物的溶解或分解以及水化产物与服役环境中的酸、碱、盐等侵蚀性物质的酸碱盐反应。水泥石水化产物类型和生成量、服役环境中侵蚀性介质的类型和浓度,以及水泥石的渗透性都会影响水泥石的腐蚀程度。

学习水泥石的腐蚀机理主要是为了理解混凝土的耐久性问题。混凝土的耐久性问题极为复杂,在设计使用年限 50 年或 100 年,甚至数百年的时间里,如何保证混凝土在恶劣环境尤其是极端环境下,长期性能不会显著劣化,是混凝土工程技术领域非常重要的研究课题。只有掌握了水泥石的腐蚀机理,才能理解混凝土的耐久性问题。

3.2 通用硅酸盐水泥

■1)混合材

土木工程材料教材中通常将混合材分为活性混合材和非活性混合材,但是《通用硅酸盐水泥》(GB 175—2020)已经取消活性混合材和非活性混合材的分类,只保留了混合材的专用术语。

混合材的活性和非活性是依据粒化高炉矿渣、粉煤灰和火山灰质混合材在特定条件下参与水化的数量来界定的。非活性的粒化高炉矿渣、粉煤灰和火山灰质混合材也具有潜在的水硬性或火山灰活性,尽管它们对水泥强度发展的贡献小于活性混合材,但是非活性混合材也可部分结合液相中的 $Ca(OH)_2$,改善界面过渡区和优化水泥性能。

■2)通用硅酸盐水泥的细度

通用硅酸盐水泥的细度以筛余表示。《通用硅酸盐水泥》(GB 175—2007)中规定,硅酸盐水泥和普通硅酸盐水泥的细度以比表面积表示,不小于 300 m^2/kg。《通用硅酸盐水泥》(GB 175—2020)规定,普通硅酸盐水泥的细度改用筛余表示,要求 45 μm 方孔筛筛余不小于 5%。水泥比表面积测定方法(勃氏法)不适用于多孔材料和超细材料,水泥的混合材除了无孔材料(矿渣、石灰石和砂岩),还有多孔材料,如粉煤灰(含碳)和火山灰。用比表面积表示含有多孔混合材的普通硅酸盐水泥的细度,其准确性难以保证,因此采用筛余来表示普通硅酸盐水泥的细度。

规定普通硅酸盐水泥、矿渣硅酸盐水泥、粉煤灰硅酸盐水泥、火山灰硅酸盐水泥和复合硅酸盐水泥的筛余不小于 5% (45 μm 方孔筛),是为了防止水泥过细而导致混凝土开裂风险增大以及长期性能降低。

●3)矿渣硅酸盐水泥的 SO_3 含量

考虑到安定性问题,《通用硅酸盐水泥》(GB 175—2020)规定了通用硅酸盐水泥中 SO_3 的含量,矿渣硅酸盐水泥中 SO_3 含量不得大于 4.0%,其他 5 种通用硅酸盐水泥的 SO_3 含量不得大于 3.5%。矿渣硅酸盐水泥中 SO_3 的限值可以高于其他 5 种通用硅酸盐水泥,原因是:矿渣硅酸盐水泥中的石膏不仅可以发挥调节水泥凝结时间的作用,还可以发挥硫酸盐激发作用。矿渣硅酸盐水泥中粒化高炉矿渣掺量较大,分为 20% ~50% (P·S·A)和 50% ~70% (P·S·B)两个范围,适当增大石膏掺量可以激发矿渣的活性,促进钙矾石生成和水泥水化。同时,考虑到石膏掺量过大会导致水泥安定性不良,故相比于其他通用硅酸盐水泥,矿渣硅酸盐水泥中石膏掺量可以适当增大,即 SO_3 限值可适当提高,但不应大于 4.0%。

4）通用硅酸盐水泥的选用

六大类通用硅酸盐水泥占水泥总产量的 90% 以上，其中用量最大的是普通硅酸盐水泥，普通硅酸盐水泥的适用范围也最广泛，但是对于一些有特殊要求的混凝土工程，还需要根据工程特点合理选用水泥。不论是《通用硅酸盐水泥》（GB 175—2020），还是目前出版的很多土木工程材料教材都给出了不同种类通用硅酸盐水泥的技术特点，也给出了合理选用水泥的建议。但是在实际工程中，选用水泥不仅要考虑混凝土工程的特点和水泥的技术特点，还需要考虑水泥价格、运输距离以及产能等市场因素。例如，配制有耐热要求的混凝土时，建议采用矿渣硅酸盐水泥，如果合理运输距离范围内没有厂家生产矿渣硅酸盐水泥，也可以采用普通硅酸盐水泥作为胶凝材料，同时掺加矿渣来配制有耐热要求的混凝土。配制大体积混凝土时，建议采用中热或低热硅酸盐水泥、矿渣硅酸盐水泥、粉煤灰硅酸盐水泥等水化热较低的水泥，但是，一些大型工程采用普通硅酸盐水泥甚至硅酸盐水泥也成功地配制了超大体积混凝土，例如，中央电视台总部大楼底板超大体积混凝土（底板最大厚度为 10.9 m）采用大掺量优质粉煤灰与 42.5 级普通硅酸盐水泥复合，并采用综合控温技术，保证了超大体积混凝土工程的顺利实施。

选用水泥需要灵活应对，不能照搬书本知识，而应通过分析工程特点和水泥的技术特点，合理选用掺合料、外加剂等原材料，采用不同种类的水泥都可以配制出满足工程应用要求的混凝土。

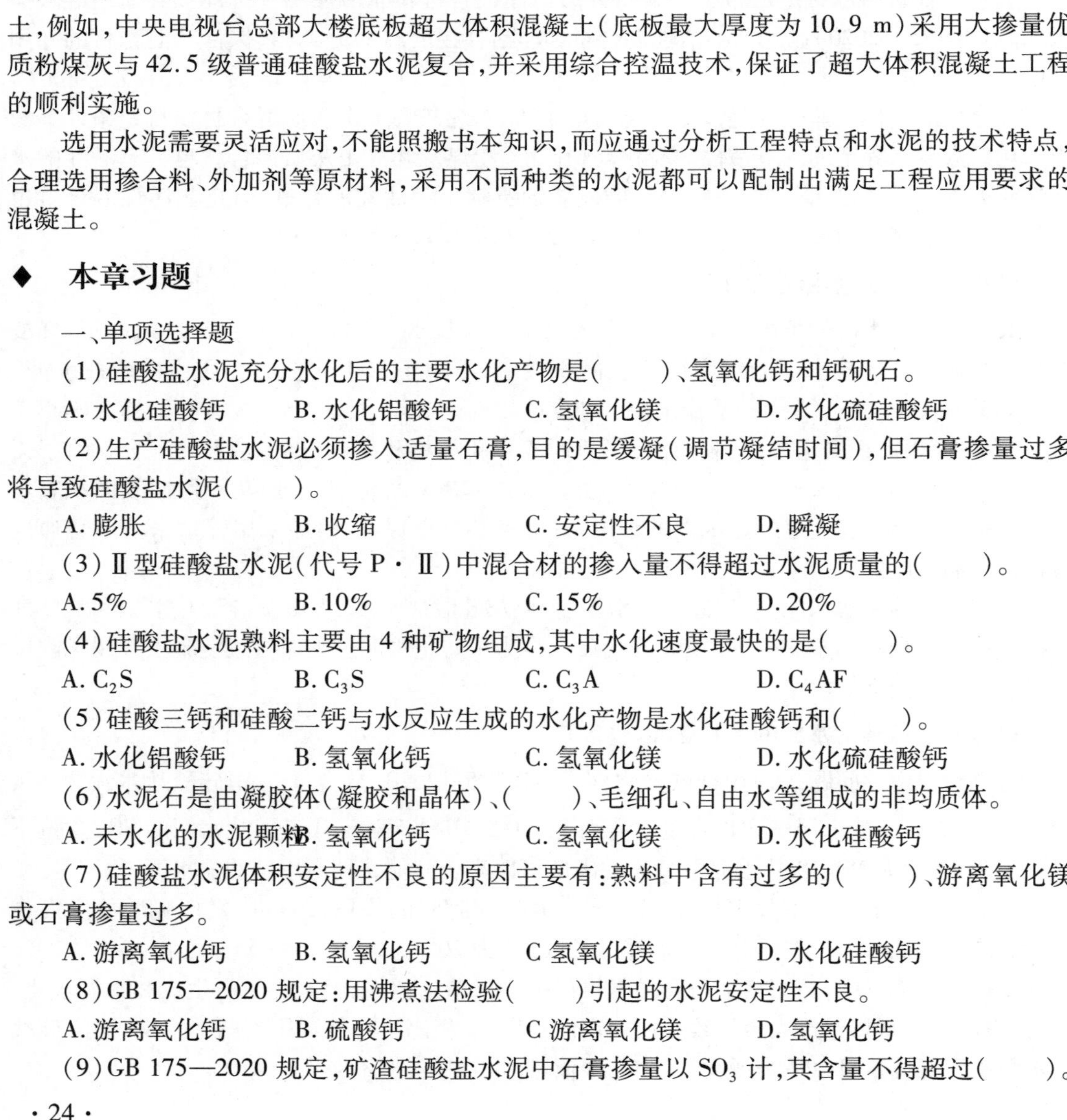

◆ 本章习题

一、单项选择题

（1）硅酸盐水泥充分水化后的主要水化产物是（　　）、氢氧化钙和钙矾石。

A. 水化硅酸钙　　B. 水化铝酸钙　　C. 氢氧化镁　　D. 水化硫硅酸钙

（2）生产硅酸盐水泥必须掺入适量石膏，目的是缓凝（调节凝结时间），但石膏掺量过多将导致硅酸盐水泥（　　）。

A. 膨胀　　B. 收缩　　C. 安定性不良　　D. 瞬凝

（3）Ⅱ型硅酸盐水泥（代号 P · Ⅱ）中混合材的掺入量不得超过水泥质量的（　　）。

A. 5%　　B. 10%　　C. 15%　　D. 20%

（4）硅酸盐水泥熟料主要由 4 种矿物组成，其中水化速度最快的是（　　）。

A. C_2S　　B. C_3S　　C. C_3A　　D. C_4AF

（5）硅酸三钙和硅酸二钙与水反应生成的水化产物是水化硅酸钙和（　　）。

A. 水化铝酸钙　　B. 氢氧化钙　　C. 氢氧化镁　　D. 水化硫硅酸钙

（6）水泥石是由凝胶体（凝胶和晶体）、（　　）、毛细孔、自由水等组成的非均质体。

A. 未水化的水泥颗粒　　B. 氢氧化钙　　C. 氢氧化镁　　D. 水化硅酸钙

（7）硅酸盐水泥体积安定性不良的原因主要有：熟料中含有过多的（　　）、游离氧化镁或石膏掺量过多。

A. 游离氧化钙　　B. 氢氧化钙　　C 氢氧化镁　　D. 水化硅酸钙

（8）GB 175—2020 规定：用沸煮法检验（　　）引起的水泥安定性不良。

A. 游离氧化钙　　B. 硫酸钙　　C 游离氧化镁　　D. 氢氧化钙

（9）GB 175—2020 规定，矿渣硅酸盐水泥中石膏掺量以 SO_3 计，其含量不得超过（　　）。

A. 3.5% B. 4.0% C. 5.0% D. 6.0%

(10) GB 175—2020 规定，硅酸盐水泥中氧化镁的含量不得超过（ ）。

A. 3.5% B. 4.0% C. 5.0% D. 6.0%

(11) 当压蒸试验合格时，硅酸盐水泥中氧化镁的含量可以放宽到（ ）。

A. 3.5% B. 4.0% C. 5.0% D. 6.0%

(12) GB 175—2020 规定，硅酸盐水泥中氯离子含量应不大于（ ），氯离子含量不满足要求的为不合格品。

A. 0.05% B. 0.06% C. 0.08% D. 0.1%

(13) 普通硅酸盐水泥中活性混合材的掺量不得超过（ ）。

A. 5% B. 15% C. 20% D. 25%

(14) 普通硅酸盐水泥中非活性混合材的掺量不超过（ ）。

A. 5% B. 8% C. 10% D. 15%

(15) 复合硅酸盐水泥中混合材的掺量不应超过（ ）。

A. 30% B. 40% C. 50% D. 60%

(16) 快硬硫铝酸盐水泥的比表面积不得低于（ ）。

A. 250 m^2/kg B. 300 m^2/kg C. 350 m^2/kg D. 400 m^2/kg

(17) 快硬硫铝酸盐水泥的初凝时间不得大于（ ）。

A. 25 min B. 30 min C. 45 min D. 60 min

(18) 快硬硫铝酸盐水泥的终凝时间不得小于（ ）。

A. 45 min B. 60 min C. 120 min D. 180 min

(19) 快硬硫铝酸盐水泥的强度等级按照（ ）龄期的抗压强度划分为 3 个等级。

A. 1 d B. 3 d C. 7 d D. 28 d

(20) 白色硅酸盐水泥用白度仪测定其白度，白度值不能低于（ ）。

A. 80 B. 85 C. 87 D. 90

(21) 中热硅酸盐水泥熟料中，C_3A 含量不得超过（ ），C_3S 含量不得超过 55%。

A. 5.0% B. 6.0% C. 8.0% D. 10.0%

(22) 低热硅酸盐水泥熟料中，C_3A 含量不得超过 6%，C_2S 含量不得小于（ ）。

A. 30.0% B. 40.0% C. 50.0% D. 55.0%

(23) 提高（ ）的含量可以提高道路硅酸盐水泥的抗折强度。

A. C_2S B. C_3S C. C_3A D. C_4AF

(24) 水工硅酸盐水泥的比表面积不得低于（ ）。

A. 250 m^2/kg B. 300 m^2/kg C. 350 m^2/kg D. 400 m^2/kg

二、判断题

(1) 硅酸盐水泥的终凝时间不得大于 600 min。 （ ）

(2) 水泥的标准稠度用水量主要取决于细度，与其矿物组成无关。 （ ）

(3) 碱含量不满足 GB 175—2020 规定的水泥为不合格品。 （ ）

(4) 普通硅酸盐水泥不宜用于大体积混凝土工程。 （ ）

(5) 配制大体积混凝土不能用硅酸盐水泥。 （ ）

三、简答题

(1)简述硅酸盐水泥腐蚀的概念,以及硅酸盐水泥的腐蚀类型。

(2)简述硅酸盐水泥发生溶出性腐蚀的原因和危害。

(3)简述硅酸盐水泥产生盐类腐蚀的原因和危害。

(4)简述硅酸盐水泥产生碳酸腐蚀的原因和危害。

(5)简述硅酸盐水泥发生强碱腐蚀的原因和危害。

(6)简述硅酸盐水泥腐蚀的原因和防止腐蚀的主要措施。

(7)水泥细度对水泥性质有什么影响?国家标准对普通硅酸盐水泥细度的要求是什么?

(8)简述水泥的水化过程和水化机理。

(9)什么是水泥的体积安定性?水泥体积安定性的不良后果是什么?

(10)引起水泥体积安定性不良的原因有哪些?为什么硅酸盐水泥中石膏掺量以 SO_3 计算不得超过3.5%?

(11)为什么制造硅酸盐水泥时必须掺入适量的石膏?

(12)测定水泥强度等级、凝结时间和体积安定性时,为什么必须采用规定用水量?

四、思考题

简述硅酸盐水泥的水化机理以及凝结硬化过程石膏的作用。

4

混凝土

❖ 本章导读

本章内容是土木工程材料课程的核心。本章的学习侧重于理解，而不是记忆，要求理解和掌握混凝土的基本概念及相关知识。首先需要掌握硅酸盐水泥水化特征、凝结硬化机理和影响因素以及硅酸盐水泥石的腐蚀机理，同时还需要掌握土木工程材料的基本物理力学性质的相关概念，以便真正地掌握混凝土的基本理论和技术要求。

➢ 知识目标

(1)掌握普通混凝土的概念、分类及性能特点。
(2)掌握混凝土和易性的概念及其影响因素。
(3)掌握混凝土组成材料的基本性质和质量要求。
(4)掌握混凝土强度等级的概念。
(5)掌握混凝土抗压强度评定方法。
(6)熟悉常用外加剂的作用机理。
(7)熟悉掺合料在混凝土中的作用。
(8)熟悉混凝土产生变形的原因和不利影响。
(9)熟悉混凝土耐久性降低的原因和危害。

➢ 技能目标

(1)能够根据混凝土工程特点合理选用通用硅酸盐水泥。
(2)掌握混凝土和易性的测试方法。

(3)能够根据混凝土坍落度试验对混凝土拌合物的和易性做出合理评价。

(4)掌握砂细度模数的试验和计算方法。

(5)掌握混凝土配合比设计方法,能够根据配合比设计公式计算普通混凝土的配合比。

(6)了解混凝土生产、运输、浇筑和养护过程的基本要求。

➢ 重点难点释疑

4.1 混凝土概述

●1)混凝土的分类

混凝土分类方式较多,通常按照胶凝材料、表观密度、强度等级、施工工艺和使用功能来分类。胶凝材料类型众多,如采用特种水泥或有机胶凝材料配制混凝土,通常会在混凝土前面冠以胶凝材料的名称,以免和普通混凝土混淆。本章的重点是介绍普通混凝土的原材料、制备方法以及物理力学性能。

■2)普通混凝土

普通混凝土是以通用硅酸盐水泥为胶凝材料,以砂子和石子为集料,经加水搅拌、浇筑成型、凝结硬化形成的具有一定强度的人工石材。普通混凝土包括水泥、细集料、粗集料、拌合水、掺合料和外加剂等六大成分。目前,几乎没有仅用水泥、细集料、粗集料和拌合水四组分配制的商品混凝土,掺合料和外加剂已经是配制混凝土必不可少的原材料。

如果直接说混凝土、普通混凝土或水泥混凝土,则通常是指采用通用硅酸盐水泥配制的混凝土。混凝土是目前用量最大的工程材料,2020 年我国商品混凝土产量为 28.99 亿 m^3,2021 年为 32.93 亿 m^3,其中主要是强度等级 C60 以下的普通混凝土。需要说明的是,商品混凝土产量主要统计了商品混凝土搅拌站生产的混凝土,交通和水利水电工程中自设搅拌站生产的混凝土尚未准确统计,因此,混凝土的实际用量肯定明显超过目前统计的商品混凝土产量。

●3)混凝土的性能特点

混凝土易浇筑成型,施工方便,原材料来源丰富,其物理力学性能可以根据设计要求进行调整,从而获得具有良好和易性、适宜强度、良好耐久性或特殊性能的混凝土,可以满足不同工程的应用要求。

当然,混凝土材料自身也存在一定的局限性,例如,抗拉强度低、抗裂性差、自重大和收缩变形较大等问题。混凝土的抗拉强度通常仅为抗压强度的 1/20 ~ 1/10,以 C30 混凝土为例,其劈裂抗拉强度值通常只有 2 ~ 3 MPa,与钢材相比,其抗拉强度值可以说是微不足道,在实际结构中,通常不会采用混凝土来承担拉力作用。抗拉强度低,导致混凝土抗裂性差,此外,混凝土自身的干燥收缩、自收缩和温度变化产生的变形都可能导致混凝土开裂。裂缝不仅可能导致混凝土力学性能下降,更重要的是侵蚀性介质更容易通过裂缝进入混凝土内部,导致混凝土耐久性降低。因此,抗裂技术是混凝土工程技术领域的重要研究内容,也是实际工程,尤其是重要土木工程中必须重点考虑和解决的技术问题 。

4.2 混凝土的组成材料

4.2.1 水泥

有关水泥的重要知识点和水泥的选择已经在第3章讲述,本节不再赘述。

4.2.2 细集料

●1)天然砂和人工砂

早期配制混凝土主要采用自然界中自然生成的天然砂,如天然河道中开采的河砂、天然湖泊中开采的湖砂和山体中开采的山砂,沿海地区采用的海砂也属于天然砂。出于保护环境的长远考虑,我国已经严格限制开采天然砂,很多城市甚至已经禁止开采天然砂。目前,土木工程建设领域使用的集料(包括砂)以人工集料为主。2019年,我国砂石集料市场需求量188亿t,其中,天然集料需求量46.88亿t,机制集料需求量141.12亿t。

为了应对天然砂紧缺的问题,目前配制混凝土时多采用人工砂(机制砂)全部或部分替代天然砂。人工砂经机器破碎制成,与天然砂相比,其圆度系数较低,长宽比较大,石粉含量较高,对混凝土拌合物和易性有不利的影响,但是经过长期的科学研究和大量的工程实践,目前采用人工砂配制普通混凝土甚至超高强混凝土的技术已经比较成熟,人工砂混凝土已经在很多大型工程中成功应用。采用人工砂配制混凝土时,可以参照行业标准《人工砂混凝土应用技术规程》(JGJ/T 241—2011)。

●2)砂的细度模数和颗粒级配

砂的细度模数反映砂的粗细,但是配制混凝土时,不能仅仅考虑砂的细度模数,还需要考虑砂的颗粒级配。混凝土的砂率相同时,砂的细度模数和颗粒级配对混凝土拌合物性能具有显著影响。砂的质量相同时,细砂的比表面积较大,粗砂的比表面积较小。配制混凝土时,当砂的用量相同时,随着砂的细度模数降低,砂的总比表面积越大,则需要包裹砂粒表面的水泥浆越多;当混凝土拌合物和易性要求已经确定时,显然用较粗的砂拌制比用较细的砂拌制所需的水泥浆量少。但如果砂过粗,就易使混凝土拌合物产生离析和泌水现象,影响混凝土和易性。所以不宜选用过粗和过细的砂,配制混凝土时,优先选用Ⅱ区中砂。如果没有Ⅱ区中砂,或者砂颗粒级配较差,可以在筛分试验的基础上,外掺部分粒径范围的砂来配成级配良好的中砂。

需要说明的是,不论采用粗砂还是细砂,甚至是特细砂,都可以配制出质量合格的混凝土,重要的是根据砂的粗细合理选择砂率、胶凝材料用量和水胶比。

4.2.3 粗集料

●1)粗集料的来源

粗集料主要来源于破碎的石灰岩、玄武岩、花岗岩、石英岩、大理岩和片麻岩等岩石,制备混凝土时使用量最大的是石灰岩破碎制成的粗集料。对于强度等级较低的普通混凝土,粗集料的来源对混凝土力学性能的影响较小;对于高强甚至超高强混凝土,则需要考虑粗集料的类型,普通的石灰岩母岩强度较低,有时难以满足制备高强和超高强混凝土的要求,可以考虑采用玄武岩等强度更高的岩石制成的粗集料。

此外,对于重要的土木工程,如大型桥梁、隧道等,选择粗集料时,还要考虑碱—集料反应的问题。交通行业和水电行业设立现场搅拌站时,采用现场开采或者隧道挖掘过程产生的石材来制备粗集料,尤其需要注意粗集料中是否含有活性矿物。在进行碱—集料反应试验前,可以采用岩相法鉴定岩石种类及所含的活性矿物种类。

●2)粗集料的颗粒级配和最大粒径

配制混凝土时应选择连续级配碎石。粗集料的颗粒级配对混凝土拌合物性能有重要影响,颗粒级配不好,混凝土拌合物容易出现离析、泌水等质量问题。对于混凝土结构而言,尤其是钢筋布置较为密集的构件,还要根据钢筋间距来选择粗集料最大粒径。此外,配制高强混凝土和自密实混凝土时,也对粗集料最大粒径有明确的限制,要求粗集料最大粒径不大于25 mm。

4.2.4 水

混凝土拌合水可以采用自来水、地表水、地下水、再生水等。正常的自来水肯定能够满足混凝土拌合用水的水质要求,但是从地下、江河湖泊或者山体采集水作为拌合水时,需要按照《混凝土用水标准》(JGJ 63—2006)进行检测。从自然环境中获取的拌合水,其水质可能随着季节、降雨和采集深度等因素变化,因此重大工程应加强拌合水的水质检测。搅拌站采用回收的设备清洗水作为拌合水时,还需要考虑清洗水中残留的外加剂对新拌混凝土拌合物坍落度和凝结时间的影响。

4.2.5 矿物掺合料

●1)分类

矿物掺合料是指以氧化硅、氧化铝为主要成分,在混凝土中可以代替部分水泥,改善混凝土性能,且掺量不小于5%的天然或人工的粉状矿物质,简称掺合料。掺合料分为活性掺合料和非活性掺合料。活性掺合料本身不硬化或者硬化速度慢,但能与水泥水化生成的氢氧化钙反应,生成具有胶结能力的水化产物,例如粉煤灰、矿渣和硅灰;非活性矿物掺合料基本不与水泥水化产物反应,如磨细的石英砂和石灰石粉。

●2)掺合料的作用效应

掺合料在混凝土中可以发挥火山灰效应(活性效应)、微集料效应(填充效应)或者形态效应(润滑效应或减水效应)。通常认为粉煤灰在混凝土中可以发挥上述三大效应,而有些掺合料则只具有其中一种或者两种效应,如硅灰。混凝土中掺入硅灰之后,由于硅灰颗粒极细,且含有大量具有活性的 SiO_2,因此,硅灰在混凝土中可以发挥良好的火山灰效应和填充效应,却不具有减水效应(如果不掺加高性能减水剂,掺加硅灰后混凝土拌合物的流动性将显著降低)。

●3)矿物掺合料的活性

矿物掺合料的活性通常是指其与生石灰或熟石灰,或者与水泥水化反应生成的氢氧化钙,在有水存在的时候,缓慢地反应生成具有胶凝能力的水化产物。矿物掺合料中的活性组分通常是晶态的复杂矿物或无定形的物质,并不是纯的氧化物或纯的晶体。例如粉煤灰中含有莫来石($3Al_2O_3 \cdot 2SiO_2$)和石英,粉煤灰和矿渣中都含有玻璃体和莫来石,而硅灰中的SiO_2并不是晶体,而是无定形态。

需要注意的是,矿物掺合料中的矿物由氧化硅和氧化铝等组分组成,这些矿物在高温熔融状态下快速冷却,其中含有的氧化硅的Si—O和氧化铝的Al—O与极性较强的OH^-、Ca^{2+}以及剩余石膏反应,可以生成水化硅酸钙、水化铝酸钙和钙矾石,因此具有一定的活性。这不同于自然风化形成的黏土和砂中的氧化硅、氧化铝。黏土和砂中的矿物,例如高岭土、伊利石和石英,其组成也可以用氧化铝和氧化硅等氧化物表示,但是这些矿物是在漫长的地质年代里缓慢风化形成的,其中氧化硅的Si—O和氧化铝的Al—O键能极高,即使与石灰或水泥混合,通常也不具有水化反应活性。当然,局部地区由于砂的品质降低,砂中含有活性二氧化硅,甚至引发碱—集料反应,但是这是耐久性问题,并不能说砂具有火山灰活性。

☆4)粉煤灰

粉煤灰,按照英文翻译又称为飞灰(fly ash),是从燃烧煤粉的锅炉烟气中收集到的细粉末,一部分为表面光滑的微粒,由直径几微米至几十微米的实心和中空玻璃微珠组成;另一部分为玻璃体碎屑以及少量的莫来石和石英等晶体矿物。按照氧化钙含量的不同,粉煤灰可以分为高钙灰(C类,CaO $>$ 10%)和低钙灰(F类,CaO $<$ 10%)。

粉煤灰的活性主要取决于玻璃体以及无定形的氧化铝和氧化硅的含量,尤其是玻璃体的含量。经过高温后的粉煤灰通常含有60%~90%的玻璃体,而玻璃体的化学成分和活性又取决于钙含量。低钙粉煤灰中含有铝硅玻璃体,但是其活性低于高钙粉煤灰中的玻璃体,因此,高钙粉煤灰的火山灰活性高于低钙粉煤灰。高钙粉煤灰不仅具有火山灰活性,还有一定的自硬性(遇水后自发反应硬化),如果直接掺入混凝土中不仅会加速水泥凝结硬化,还可能引起水泥安定性不良,因此,尽管高钙粉煤灰活性比低钙粉煤灰高,但是通常不能使用高钙粉煤灰作为掺合料配制混凝土。

此外,为了保护大气环境,燃煤电厂采用烟气脱硫脱硝工艺,产生了含有硫酸氢铵的脱硝粉煤灰或者混入脱硫石膏的粉煤灰,硫酸钙和硫酸氢铵是对混凝土物理力学性能有害的组分,铵盐在混凝土的碱性条件下还会释放出具有刺激性气味的氨气。因此,使用粉煤灰时需要关注上述有害组分的含量不能超过《用于水泥和混凝土中的粉煤灰》(GB/T 1596—2017)规定的限值。

关于粉煤灰在混凝土中的作用,常见表述是粉煤灰可以提高混凝土的抗碳化性能、抗渗性能和抗裂性。但是在实际工程中也出现了掺加粉煤灰后混凝土干燥收缩值增大,抗碳化性能和抗渗性降低的现象。这主要是粉煤灰质量波动、品质降低或者工程技术人员对粉煤灰混凝土应用技术缺乏充分认识以及施工措施不正确导致的。粉煤灰是大宗工业固体废弃物,粉煤灰的品质波动会严重影响混凝土物理力学性能。因此,混凝土中掺加粉煤灰等掺合料时更应加强试验验证和混凝土施工过程管理。

☆5)粒化高炉磨细矿渣

粒化高炉磨细矿渣简称矿渣,是高炉炼铁得到的以硅铝酸钙为主的熔融物经淬冷成粒的副产物。炼铁炉中浮于铁水表面的熔渣在排出时喷水急冷而粒化,可以得到水淬矿渣,可用于生产矿渣水泥和磨细矿渣。矿渣活性较好,通常高于普通粉煤灰。矿渣的活性与其化学成分和水淬形成的玻璃体含量相关。除玻璃体以外,矿渣还含有少量硅酸二钙、钙铝黄长石和莫来石晶体矿物,具有一定的自硬性。

☆6)硅灰

硅灰是铁合金厂在冶炼硅铁合金或工业硅时,通过烟道收集的以无定形二氧化硅为主要成分的粉体材料,也称为微硅粉。硅灰的 SiO_2 含量与生产的硅铁合金的类型相关,用于混凝土的硅灰,其 SiO_2 含量应不小于85%,且 SiO_2 绝大部分应为非晶态。

硅灰的平均粒径为0.1~0.2 μm,比表面积为15 000~25 000 m^2/kg,而水泥颗粒的粒径主要集中在3~30 μm,比表面积为300~400 m^2/kg。水泥颗粒的粒径尺度比硅灰大两个数量级。硅灰具有良好的活性和微集料效应,已经成为配制高强混凝土和超高强混凝土的首选掺合料,通常掺量为胶凝材料的5%~10%。但是硅灰比表面积大,混凝土中掺加硅灰时,必须掺加高性能减水剂,才能保证混凝土拌合物的和易性。硅灰的反应活性高,在混凝土硬化早期水化,可能会产生混凝土早期收缩增大和早期水化放热增大的问题,对于要求控制早期水化热的混凝土,选择掺合料时需要考虑上述问题。

☆7)石灰石粉

石灰石粉通常指以生产石灰石碎石、机制砂时产生的细砂和石屑为原材料,通过粉磨制成的粒径不大于10 μm的粉体。石灰石粉在混凝土中具有良好的减水效应和分散效应,作为掺合料,已经被广泛用于混凝土生产。《用于水泥、砂浆和混凝土中的石灰石粉》(GB/T 35164—2017)已经于2018年11月1日正式实施,这也为石灰石粉在混凝土中的应用提供了技术保障。

需要说明的是,在低温(如5~15 ℃)硫酸盐侵蚀环境中,由于硫酸盐可能与碳酸盐和水化硅酸钙反应生成无胶结作用的碳硫硅钙石($CaCO_3 \cdot CaSiO_3 \cdot CaSO_4 \cdot 15H_2O$),随着水化硅酸钙的不断消耗,水泥硬化体逐渐变成泥质,硬化的混凝土甚至可以变得像泥一样软。因此,在低温且富含硫酸盐环境中配制混凝土时慎用石灰石粉。国内已有一些隧道的混凝土衬砌或地下混凝土结构的混凝土发生了碳硫硅钙石型硫酸盐侵蚀,尽管这种严重的腐蚀与混凝土结构服役环境的自然条件密切相关,但是也与混凝土中掺加大量石灰石粉且水灰比较大等因素有关。

4.2.6 外加剂

外加剂是指在混凝土搅拌前或拌制过程中加入的,用以改善新拌混凝土和(或)硬化混凝土性能的材料。除膨胀剂外,外加剂掺量一般不超过胶凝材料总质量的5%。外加剂能有效改善混凝土某项或多项性能,如改善拌合物和易性、力学性能、耐久性或调节凝结时间及节约水泥。

中国工程院院士缪昌文教授认为:混凝土外加剂的发明和应用对推动混凝土科学与技术的进步发挥了重要作用,混凝土外加剂的问世可谓水泥基建筑材料一次大的革命。外加剂在混凝土中的应用解决了很多工程技术难题,如果没有外加剂,混凝土在土木工程中的应用将会受到极大的制约。因此,从事混凝土生产和应用的工程技术人员需要了解常用外加剂的作用和原理,这样才能成功地使用外加剂和解决混凝土工程技术难题。

外加剂类型众多，开始接触和学习外加剂相关知识时，可以首先了解常用外加剂（如减水剂）的主要种类和作用原理，并结合水泥水化机理和水泥基本性能学习，从而更好地掌握外加剂的基本知识和作用原理。

☆1）外加剂的分类

外加剂类型众多，按照化学成分和性质可以分为无机盐类外加剂和有机物类外加剂。按照外加剂的作用和功能可以分为以下四大类：

①改善混凝土拌合物流变性能的外加剂，如各种减水剂和泵送剂。

②调节混凝土凝结时间和硬化性能的外加剂，如缓凝剂、早强剂和速凝剂。

③改善混凝土耐久性的外加剂，如引气剂、防水剂和阻锈剂。

④改善混凝土其他性能的外加剂，如膨胀剂、防冻剂和着色剂。

●2）减水剂

减水剂，顾名思义，是指在混凝土拌合物坍落度基本相同的条件下，能减少甚至是大幅减少拌合水用量的外加剂。20 世纪 30 年代初，苏联和美国在纸浆废液中提取了以木质素磺酸盐为主要成分的减水剂；20 世纪 60 年代，日本和联邦德国相继开发出了高效减水剂，由此引发了全世界范围内高效减水剂的大规模研究与应用；20 世纪 90 年代，聚羧酸系高性能减水剂的成功研制，不仅极大地推动了混凝土外加剂技术的进步，也推动了混凝土朝向高性能和高耐久方向快速发展。

根据《混凝土外加剂术语》（GB/T 8075—2017），常见的减水剂主要包括：

①普通减水剂，减水率≥8%，如木质素磺酸盐类、羧基羧酸盐类、多元醇类。

②高效减水剂，减水率≥14%，如氨基磺酸盐系、萘磺酸甲醛缩合物、马来酸共聚物系。

③高性能减水剂，减水率≥25%，如聚羧酸系、氨基羧酸系。

减水剂属于表面活性剂，日常生活中常用的洗涤剂、清洁剂等也属于表面活性剂，因此，减水剂和洗涤剂的作用原理有类似之处。根据经典理论，减水剂包含亲水基团和憎水基团，其在混凝土中的作用主要包括减水作用（吸附和分散作用）和塑化作用（润湿和润滑作用）。

●（1）减水作用。加入减水剂后，减水剂的憎水基团定向吸附于水泥质点表面，亲水基团指向水溶液，组成单分子或多分子吸附膜。由于表面活性剂分子定向吸附，水泥质点表面带有相同符号的电荷，因此在电性斥力作用下，水泥—水体系处于相对稳定的悬浮状态，水泥在加水初期形成的絮凝状结构中也开始分散，絮凝状凝聚体内的游离水被释放出来，从而达到减水目的。

●（2）塑化作用。除吸附分散引起的效果外，塑化作用还有润湿和润滑的效果。水泥加水后，水泥颗粒表面被水润湿，水泥颗粒表面自由能和水泥—水界面张力降低，使水泥颗粒有效分散，产生润湿作用。此外，减水剂中的极性亲水基团定向吸附于水泥颗粒表面，很容易和水分子以氢键形式缔合，再加上水分子间的氢键缔合，水泥颗粒表面形成稳定的溶剂水化膜。水化膜阻止水泥颗粒的直接接触，并在水泥颗粒间产生润滑作用。

普通减水剂和高效减水剂在混凝土中的作用可以概括为减水作用和塑化作用，高性能减水剂在混凝土中发挥上述作用的机理与普通减水剂和高效减水剂存在差异，借助于静电位阻和空间位阻的共同作用，高性能减水剂产生了更为优异的减水分散作用。

☆3）缓凝剂

通用硅酸盐水泥凝结硬化速度较慢，以普通硅酸盐水泥为例，其初凝时间通常为 150 ~

200 min,而终凝时间通常为 180 ~ 240 min。采用普通硅酸盐水泥为胶凝材料的普通混凝土,其初凝时间通常为 9 ~ 12 h,而终凝时间通常为 12 ~ 14 h。普通混凝土的初凝时间长达 9 ~ 12 h,已经可以满足正常施工操作的要求,为什么还要在混凝土中掺加缓凝剂呢?

预拌混凝土从生产、运输到泵送施工,经历的时间通常为 2 ~ 3 h,为了保证混凝土坍落度满足泵送施工要求,可以掺加适量缓凝剂来控制新拌混凝土的坍落度损失。此外,对于大体积混凝土等特殊混凝土工程,混凝土初凝时间需延长至 1 ~ 2 d,掺入适量缓凝剂可以降低水泥的水化放热速率,降低水泥水化放热峰值并延迟其到达时间,从而控制混凝土水化温升,防止混凝土开裂。

常用的缓凝剂包括羧基羧酸盐类、糖类及其化合物、多元醇及其衍生物和纤维素类。缓凝剂的掺量需要根据使用环境温度和凝结时间要求来确定,如果缓凝剂掺量过大,会出现超时缓凝问题。

☆4)早强剂

早强剂是指能够加速混凝土早期强度发展的外加剂。早强剂可以分为无机盐类、有机物类和复合型三大类。

①无机盐类包括:氯化物、硫酸盐、硝酸盐、亚硝酸盐和碳酸盐等。

②有机物类包括:三乙醇胺、三异丙醇胺、甲酸和乙二醇等。

③复合型包括:无机盐和有机物复合早强剂,如三乙醇胺—硫酸钠和三乙醇胺氯化物。

早强剂的主要作用是在低温下加快水泥的水化速度,使混凝土早期(7d 以内)强度达到或超过常温时的水平。早强剂还可以和减水剂等外加剂复合制备早强减水剂。使用早强剂时需要注意的是,早强剂可能对混凝土后期强度发展产生不利影响;硫酸盐类早强剂中硫酸钠含量较高时会导致混凝土碱含量较高,可能引发碱—集料反应;氯化物类早强剂在混凝土中引入氯离子,可能加速钢筋锈蚀。

☆5)泵送剂

混凝土泵送施工是目前使用最普遍的混凝土现场输送和浇筑方式,为了满足泵送施工对混凝土坍落度的要求,防止混凝土坍落度经时损失过大,需要掺加减水剂、缓凝剂和引气剂等外加剂。出于简化混凝土生产线的考虑,通常将减水剂、缓凝剂、引气剂和保水剂等多种外加剂复配成泵送剂。泵送剂组成较为复杂,其性能取决于各组分的比例,需要根据混凝土工程的技术特点和季节(环境温度)调整泵送剂组成,以满足混凝土的工程应用要求。

☆6)膨胀剂

混凝土凝结硬化过程中会产生塑性收缩、干燥收缩和碳化收缩等收缩变形。普通混凝土的干燥收缩通常可以达到 0.3 ~ 0.6 mm/m,混凝土结构的长度达几十米、几百米甚至几千米,且混凝土构件变形受到约束,当混凝土收缩变形较大或结构物长度较大时,混凝土可能出现肉眼可见的细微裂缝,甚至是严重开裂,从而影响结构安全和混凝土的耐久性。为了防止混凝土开裂,或者由于超长结构不设缝的设计要求,需要掺加适量膨胀剂以抵消混凝土的部分收缩变形,使混凝土的收缩率显著降低。

常用的混凝土膨胀剂包括:硫铝酸盐系、石灰系、氧化镁系等。混凝土中膨胀剂的掺量通常为胶凝材料掺量的 6% ~ 12%,膨胀剂通常是内掺,即等质量取代胶凝材料,而减水剂和缓凝剂等外加剂是外掺,即不取代胶凝材料。由于膨胀剂水化需水量较大,掺加膨胀剂之后,水灰比较高的混凝土的膨胀率会大于水灰比较低的混凝土。由于膨胀剂与水泥“争水”，需要加强混凝土保湿养护，尤其是混凝土 14 d 龄期内，避免膨胀剂后期反应产生不合时宜的膨胀变形，出现掺加膨胀剂后混凝土反而开裂的现象。此外，膨胀剂的作用效果还与环境温度有关，对于低温环境下应用的混凝土，还需要保温养护。

掺加膨胀剂之后，还可能会导致混凝土坍落度降低和坍落度损失增大，还需要考虑水胶比和减水剂等外加剂用量的调整。此外，膨胀剂中碱含量较高，对于可能发生碱—集料反应的混凝土，应采用低碱膨胀剂，避免混凝土的碱含量超过标准限值。

需要注意的是，掺加膨胀剂是为了抵消混凝土早期的收缩变形，在无约束状态下，混凝土长龄期变形依然表现为收缩。此外，实际结构也不希望混凝土出现较大的膨胀变形，膨胀变形也会引起开裂问题。因此，需要严格控制混凝土中膨胀剂的掺量，无可靠的试验或成熟的工程经验时，膨胀剂的应用需要非常慎重。当混凝土中采用新型的膨胀剂时，应尽可能进行系统的验证试验。

☆7）防冻剂

根据《建筑工程冬期施工规程》（JGJ/T 104—2011）的规定，根据当地多年气象资料统计，当室外日平均气温连续 5 d 稳定低于 5 ℃ 即进入冬期施工；当室外日平均气温连续 5 d 稳定高于 5 ℃即解除冬期施工。

普通混凝土凝结硬化速度慢，环境温度每降低 1 ℃，水泥水化速度会降低 5% ~7%。低温环境下，混凝土凝结硬化速度会显著降低。当气温降低到负温时，无养护条件下，或者未掺加防冻剂或早强剂的混凝土，其早期强度会显著降低甚至冻结。冬期施工时，尚未凝结硬化或者已经硬化但未达到抗冻临界强度（表 4.1）的混凝土一旦冻结，即使气温恢复到常温，混凝土也会继续硬化，但与混凝土的设计强度等级和性能指标相比，其力学性能和耐久性等性能也显著降低，从而影响结构安全。

表 4.1　普通混凝土的抗冻临界强度

国家	中国	美国	瑞典	日本	加拿大	瑞士	芬兰	挪威
抗冻临界强度 /MPa	4.0/5.0*	3.5	2.5 ~4.5	6.0	7.0 ~10.5	14.5	4.0 ~8.5	4.0 ~8.5

注：* 普通混凝土抗冻临界强度详见《建筑工程冬期施工规程》（JGJ/T 104—2011）第 6.1.1 条。

为了避免混凝土拌合物中的自由水在混凝土的强度达到抗冻临界强度之前冻结，可以在拌和混凝土时加入防冻剂，以降低拌合物中水溶液的冰点。需要说明的是，由于混凝土拌合物中含有 Na^+、K^+、Ca^{2+} 等，混凝土中的自由水和毛细孔水的冰点并不是 0 ℃（标准大气压下纯水的冰点为 0 ℃）。通常认为，混凝土内部温度低于 -5 ℃时，混凝土中的自由水和毛细孔水开始结冰。混凝土中的自由水的冰点与离子浓度有关，而毛细孔水的冰点除与离子浓度和类型有关外，还与孔径密切相关，孔径降低，毛细孔水的冰点也随之降低（毛细孔水的冰点甚至可以低至 -17 ℃）。

混凝土中常用的防冻剂包括早强型防冻剂、防冻型防冻剂。早强型防冻剂可以使混凝土早期强度快速达到抗冻临界强度，而防冻型防冻剂除防止混凝土中液相结冰外，还可以使混凝土内部在负温下保持充足的液相，使胶凝材料的水化持续进行。气温 0 ℃以上、5 ℃以下时，混凝土掺加早强剂即可满足早期强度发展要求，基本不需要加防冻剂；气温 0 ℃以下，－10 ℃以上时，混凝土需要掺加早强型防冻剂；气温－10 ℃以下时，混凝土需要掺加防冻型防冻剂。防冻剂通常由早强剂、减水剂、引气剂和防冻组分复配而成。

☆8）**引气剂**

引气剂是一种可以在混凝土拌和过程中引入大量均匀分布的微小气泡的外加剂，也是使用最早的混凝土外加剂，引气剂是混凝土工程技术发展历程中非常重要的发现。引气剂属于表面活性剂，可以分为阴离子、阳离子、非离子与两性离子等类型，使用较多的是阳离子表面活性剂。常用的引气剂包括松香类引气剂（松香皂类引气剂和松香热聚物引气剂）、氨基磺酸盐类引气剂以及皂角苷类引气剂等。

引气剂可以降低拌合水溶液表面张力，当包围气体的液态膜含有引气剂时，引气剂吸附在气—液界面，使液态膜的表面张力降低，并使气—液界面保持良好的稳定性，从而使混凝土中的气泡保持稳定。混凝土拌合物在搅拌过程中也会引入一定量的空气，不加引气剂时，混凝土含气量通常为1%～2%（体积），掺加引气剂后，混凝土含气量可以增大到3%～7%，甚至更高。提高混凝土含气量有利于改善混凝土抗冻性能，但是混凝土含气量过高对抗冻性和力学性能都会产生不利影响，因此，应根据混凝土使用范围，将混凝土含气量控制在最佳范围内（表4.2）。

表4.2　引气混凝土的适宜含气量推荐值

单位：%

集料最大粒径/mm	中国港工	中国铁路	美国混凝土学会	美国垦务局	日本土木学会
15	—	—	7.0	—	6.0
20	5.5	—	6.0	5±1	5.0
25	—	5±1	5.0	4.5±1	4.5
40	4.5	4±1	4.5	4±1	—

注：《预拌混凝土》（GB/T 14902—2012）第6.4条规定，混凝土含气量实测值不宜大于7%。

通常认为混凝土含气量增大1%，抗压强度下降4%～6%，抗折强度降低2%～3%。引气剂对混凝土力学性能的不利影响可以通过掺加减水剂来弥补。此外，通过改善引气剂的引气性能，使混凝土中形成分布均匀的独立气泡，且气泡的直径为20～200 μm，可以避免混凝土掺加引气剂后力学性能显著降低。

4.3　混凝土拌合物的和易性

混凝土拌合物的性能主要包括和易性、凝结时间、泌水性能、表观密度、含气量、均匀性和抗离析性能等。混凝土拌合物的和易性是混凝土的重要性能，合格的混凝土首先应满足和易性要求。

4.3.1　和易性的概念

■混凝土易于施工操作（拌和、运输、浇注、捣实等）并能获得质量均匀、成型密实的性能，称为混凝土拌合物和易性，也称工作性。和易性是一项综合性技术指标，主要包括流动性、黏聚性、保水性。

●流动性，混凝土拌合物在自重或机械振捣作用下能产生流动，并均匀密实填充模板。

●黏聚性，混凝土拌合物组成材料之间具有一定黏聚力，施工过程中不致产生分层和离析。

●保水性，混凝土拌合物具有一定保水能力，施工过程中不致产生泌水现象。

4.3.2 和易性测试方法

《普通混凝土拌合物性能试验方法标准》(GB/T 50080—2016)规定了混凝土和易性的测试方法，普通混凝土常采用坍落度法，干硬性混凝土可以采用维勃稠度法，坍落度不小于160 mm的混凝土可以采用扩展度试验。因此，应根据混凝土流动性和粗集料最大公称粒径等指标，选择适宜的混凝土拌合物性能试验方法，例如，扩展度试验适用于坍落度不小于160 mm且粗集料最大公称粒径不大于40 mm的混凝土，间隙通过性试验适用于粗集料最大公称粒径不大于20 mm的混凝土。评定混凝土和易性最常用的方法是坍落度法。

●1)坍落度法

坍落度法是一种简单、有效且快速的评定混凝土拌合物和易性的方法。熟练掌握混凝土坍落度试验方法可以避免因操作人员不同或操作方法不规范产生的试验误差，以便准确地评定混凝土拌合物和易性。因此，准确评定混凝土拌合物和易性的前提是熟练掌握拌合物性能试验方法和操作要求。

●2)扩展度试验

对于坍落度较大(不小于160 mm)的混凝土，还可以通过混凝土扩展度评价其和易性，如大流态混凝土。大流态混凝土的坍落度大于200 mm，仅通过坍落度试验难以准确评价混凝土拌合物和易性，还需要测定其扩展度。此外，自密实混凝土流动性大，不仅需要测定坍落度和扩展度，还需要借助倒置坍落度筒排空试验和间隙通过性试验等才能准确评价其拌合物的和易性。对于流动性大的混凝土，测试扩展度时还需要注意拌合物的黏聚性。由于混凝土中的砂(尤其是机制砂)和掺合料引入了过多的粉状材料，再加上外加剂增稠保水的作用，混凝土拌合物会出现黏聚性过大(过黏)的现象。混凝土拌合物过黏，即使坍落度和扩展度较大，其可泵性依然较差。因此，评定混凝土工作性，尤其是特殊性能混凝土的工作性，需要多种试验方法综合判定。

●3)经时损失

由于水泥水化持续进行，混凝土拌合物和易性会随着时间的延长而逐渐降低。考虑到混凝土拌合物运输距离和浇筑施工对拌合物和易性的要求，混凝土拌合物的和易性需要在较长时间内保持稳定。通过拌合物出机坍落度或扩展度的初始值与静置60 min并再次搅拌后测定的拌合物坍落度或扩展度的差值(坍落度经时损失或扩展度经时损失)可以评定混凝土拌合物和易性的稳定性。此外，当混凝土实际运输距离或者浇筑时间过长时，还需根据实际时间来测定经时损失。

●4.3.3 和易性影响因素

影响混凝土拌合物和易性的主要因素包括环境温度、湿度，水泥的品种、细度和颗粒级配,掺合料的类型和细度,粗集料类型、最大粒径和级配,砂的类型、细度模数和颗粒级配,用水量以及外加剂种类和用量等。

影响混凝土拌合物和易性的因素众多,如何准确理解上述因素影响混凝土拌合物和易性的规律是学习的难点。可以结合水泥在混凝土中的作用、水泥的水化机理和水化特征的学习,来掌握上述因素影响混凝土拌合物和易性的规律。上述因素对混凝土拌合物和易性的影响只是外在表现,本质上依然是通过影响胶凝材料水化进程来影响混凝土拌合物和易性以及坍落度经时损失。

例如,采用的水泥过细(比表面积大于 400 m^2/kg),则混凝土拌合物可能出现流动性降低和黏聚性过大的现象;水泥中 C_3A 含量高,水泥凝结时间缩短,则混凝土拌合物坍落度经时损失就可能增大;增加缓凝组分掺量,水泥凝结时间延长,则混凝土拌合物坍落度经时损失就可能减小。

为了避免水泥过细影响混凝土拌合物性能和混凝土的早期抗裂性和长期性能,《通用硅酸盐水泥》(GB 175—2020)第 6.4.4 条规定了水泥细度的上限和下限,硅酸盐水泥的比表面积不低于 300 m^2/kg,不大于 400 m^2/kg;其他通用硅酸盐水泥的细度以 45 μm 方孔筛筛余表示,不小于 5%。

4.3.4 和易性改善措施

改善混凝土拌合物和易性包括提高混凝土拌合物初始和易性与降低经时损失两方面。改善混凝土拌合物和易性的方法如下:

●(1)尽可能选用合理砂率,拌合物坍落度过大或黏聚性不足时可适当增大砂率,采用细砂或特细砂时应采用较低砂率。

●(2)改善集料级配,采用Ⅱ区中砂,并尽可能采用较粗的连续级配的粗集料。

●(3)选择适宜的外加剂和掺和料,如减水剂或引气剂。

●(4)保持水灰比不变,增加水泥浆用量。

●(5)混凝土流动性大于设计要求时,保持砂率不变,增加砂石用量(相当于减少水泥浆量)。

需要说明的是,调整混凝土拌合物和易性时,原则上不能改变混凝土水灰比,如需调整混凝土水灰比,则需进行力学性能试验验证混凝土抗压强度,在抗压强度满足设计要求后再根据审批流程进行。此外,如果增加水泥浆用量,则混凝土成本提高,混凝土的收缩和水化热会增大,混凝土的黏聚性和保水性也可能下降。因此,改善混凝土拌合物和易性,主要是通过调整外加剂种类和用量、掺合料种类和用量、砂率、粗集料最大粒径和颗粒级配来实现。

●4.3.5 拌合物凝结时间

测定混凝土拌合物凝结时间并不是直接采用混凝土拌合物,而是将混凝土拌合物过4.75 mm 筛,筛分出砂浆后,借助贯入阻力仪测定砂浆的凝结时间。如果采用混凝土拌合物直接测定凝结时间,贯入阻力仪的测针在压入混凝土拌合物时会接触粗集料,粗集料的截面积可能大于测针截面积,由于粗集料强度高,因此会导致凝结时间试验结果出现严重误判。需要注意的是,混凝土的凝结时间并不等于水泥的凝结时间。测定水泥凝结时间时,为了便于对比,用水量为标准稠度用水量,而混凝土用水量不一定是标准稠度用水量。此外,即使采用标准稠度用水量,由于混凝土中还掺加了粗细集料、掺合料和外加剂,这些组分都会影响水泥的凝结硬化,因此,混凝土拌合物的凝结时间通常明显长于所用水泥的凝结时间。

影响混凝土凝结时间的因素与影响混凝土拌合物的因素类似,包括环境温湿度,水泥的品种、细度和颗粒级配,掺合料的类型和细度,砂的类型、细度模数和颗粒级配,水胶比,外加剂的种类和用量等。调节混凝土凝结时间最常用的方法是掺加缓凝剂或速凝剂。

4.4 混凝土的力学性能

混凝土结构设计用到的混凝土力学性能指标主要包括混凝土强度等级、轴心抗压强度、抗拉强度、弹性模量和泊松比等。由于抗压强度测试最为简单快捷,因此通常以抗压强度值和强度等级代表混凝土力学性能,并通过抗压强度值与其他力学指标的对应函数关系来确定轴心抗压强度等指标。

4.4.1 混凝土立方体抗压强度和强度等级

混凝土立方体抗压强度、混凝土抗压强度标准值和混凝土强度等级是表征混凝土抗压强度的3个重要指标,理解和掌握三者之间的区别与联系是学习的重点。

■(1)混凝土立方体抗压强度,是通过抗压强度试验测试一组或多组标准尺寸的混凝土立方体试件得到的实测值。

■(2)混凝土立方体抗压强度标准值,是根据混凝土立方体抗压强度的实测值,按照统计方法进行数据统计,借助统计学概念提出的满足95%保证率的抗压强度统计值。

■(3)混凝土强度等级,是指通过抗压强度试验得到的实测值,并借助统计学方法得到的抗压强度值分布曲线范围内的抗压强度值的数据集合。

《混凝土物理力学性能试验方法标准》(GB/T 50081—2019)规定,混凝土立方体试件的标准尺寸为150 mm×150 mm×150 mm,标准养护室内温度为(20±2) ℃、相对湿度95%以上,或者在(20±2) ℃不流动饱和氢氧化钙水溶液中养护;标准养护龄期为28 d(或设计龄期)。在上述条件下测得的抗压强度值称为混凝土立方体抗压强度。

测定强度等级C60以下的混凝土立方体抗压强度时宜采用边长150 mm的标准尺寸试件。当混凝土试件边长为100 mm或200 mm时,抗压强度值分别乘以换算系数0.95或1.05,得到混凝土立方体抗压强度(代表值)。强度等级C60及以上时,应采用边长150 mm的标准尺寸试件。混凝土抗压强度测试值存在明显的尺寸效应,因此,比较混凝土抗压强度高低时应采用同龄期的同尺寸试件,如果试件尺寸不同,应将抗压强度值乘以换算系数后比较。

根据《混凝土结构设计规范》(GB 50010—2010,2015版),混凝土强度等级应按立方体抗压强度标准值确定。混凝土立方体抗压强度标准值是指用标准方法制作、养护边长为150 mm的立方体试件,在28 d或设计规定龄期以标准试验方法测得的具有95%保证率的抗压强度值。

评定混凝土强度等级需采用统计方法,意味着混凝土抗压强度试件的组数至少应大于30,才能正确评定混凝土立方体抗压强度标准值和确定混凝土强度等级。因此,不能通过一组或者几组混凝土试件的抗压强度测试值来评定其强度等级。相反,如果已知混凝土强度等级，测试一组混凝土试件的抗压强度后，如果抗压强度值在分布曲线范围内，则说明混凝土试件的抗压强度值达到了设计强度等级。

4.4.2 混凝土轴心抗压强度

混凝土轴心抗压强度采用150 mm×150 mm×300 mm的棱柱体试件作为标准试件（标准养护至28 d龄期）。混凝土构件的尺寸明显大于混凝土试件，为了更接近混凝土的实际受力状态，采用轴心抗压强度值作为混凝土结构设计的取值依据。

由于混凝土立方体抗压强度值测试更为简单，经过长期的工程应用，已经获得的混凝土力学性能试验数据量极其庞大，借助统计学和数学方法建立了混凝土轴心抗压强度和混凝土立方体抗压强度之间的函数关系，同时也明确了不同强度等级混凝土对应的轴心抗压强度标准值。因此，通常可以直接利用混凝土强度等级确定轴心抗压强度。混凝土结构设计取值也根据混凝土强度等级直接确定对应的轴心抗压强度标准值。

4.4.3 混凝土劈裂抗拉强度

普通混凝土抗拉强度较低，通常仅为抗压强度值的1/20～1/10，混凝土强度越高，抗拉强度和抗压强度的比值越小。这也说明，混凝土抗压强度越高，其受压破坏时表现出的脆性越明显。因此，在混凝土结构设计时，一般不考虑混凝土承受拉力，而主要由混凝土中的钢筋承受拉力作用。验算混凝土构件的裂缝宽度和裂缝间距以及评估混凝土抵抗收缩和温度变形而导致开裂的可能性时需要用到混凝土抗拉强度。

由于制作混凝土轴心抗拉强度试件（“8”字形试件）较为麻烦，而且轴心抗拉试验过程中试件对中较为困难，且混凝土并不是均质材料，因此混凝土轴心抗拉强度测试值离散性较大。由于制作混凝土立方体试件更为简单，且劈裂抗拉强度测试方法也较为简单，因此，《混凝土物理力学性能试验方法标准》（GB/T 50081—2019）采用劈裂试验测定混凝土抗拉强度。

4.4.4 混凝土抗折强度

混凝土结构设计过程中通常不直接选取混凝土抗折强度，抗折强度也不作为结构设计的混凝土力学性能指标。混凝土框架梁主要承受弯矩作用，但是在构件计算过程中，梁横截面上的内应力依然主要是压应力，因此，依然与采用混凝土强度等级相应的强度标准值作为结构设计指标。

混凝土路面看似承受车辆的压力作用，实际上铺筑路面的混凝土不是受压破坏，而是受弯（弯拉）破坏。因此，《公路水泥混凝土路面设计规范》（JTG D40—2011）规定水泥混凝土的设计强度采用28 d龄期弯拉强度。

4.5 混凝土强度的影响因素

●1）胶凝材料和水胶比

胶凝材料的强度值（水泥强度等级）和掺量是影响混凝土力学性能的重要因素，胶凝材料用量或强度值提高，混凝土强度值也随之提高。但是考虑到生产成本、水化热以及耐久性等因素，混凝土中胶凝材料的掺量，尤其是水泥的掺量通常都限定在一定范围内。《普通混凝土配合比设计规程》(JGJ 55—2011)规定了混凝土中胶凝材料的最低掺量和矿物掺合料的最高掺量。

此外，常用的普通硅酸盐水泥仅有42.5、42.5R、52.5、52.5R这4个等级，尽管硅酸盐水泥有62.5级，但是通常需要定制，很少有厂家会生产62.5级的硅酸盐水泥。因此，配制高强度等级的混凝土并不会局限于胶凝材料的强度和掺量，更多的是采取降低水胶比和掺加减水剂等方式。

水胶比是指混凝土用水量与胶凝材料用量的质量比。所说的用水量包括直接加入的拌合水与粗细集料中含有的水，而胶凝材料用量不仅包括水泥与掺合料，还包括膨胀剂。配制混凝土时常用的水胶比范围是0.3～0.6，而水泥完全水化的理论需水量仅为水泥质量的0.227倍。普通混凝土的水胶比通常高于0.227，但是混凝土中的水泥颗粒由于难以完全分散等原因，在混凝土硬化体中依然存在部分未水化的水泥颗粒。

水胶比是混凝土配合比设计的重要参数，通过长期试验得到的水胶比定则是建立混凝土配合比设计公式的基础。当混凝土强度等级确定后，混凝土配合比设计首先是计算混凝土配制强度和水胶比。混凝土设计强度等级小于C60时，混凝土配制强度按式(4.3)计算，水胶比按式(4.4)计算。

$$f_{cu,0} \geqslant f_{cu,k} + 1.645\sigma \tag{4.3}$$

$$W/B = \alpha_a f_b / (f_{cu,0} + \alpha_a \alpha_b f_b) \tag{4.4}$$

式(4.4)中，$f_b = \gamma_f \gamma_s f_{ce}$。$f_{ce}$是水泥胶砂试件的28 d抗压强度值，可以采用实测值，也可以采用富余系数乘以水泥强度等级。在混凝土配合比设计过程中，通常直接采用水泥强度等级乘以富余系数来计算f_{ce}后确定胶凝材料28 d胶砂抗压强度值(f_b)。

需要注意的是，水泥强度等级的实际富余系数(富余量)可能会小于表4.3中规定的值，因此，当配制混凝土时，尤其是高强混凝土时，不能过高估计水泥强度的富余系数。此外，掺合料的活性也可能达不到预期质量要求。因此，配制高强混凝土以及掺合料掺量较大的混凝土时，建议通过试验确定水泥胶砂试件的28 d抗压强度值，而不是选取表4.3中的富余系数来计算，以避免出现混凝土实际强度达不到设计要求的情况。

表4.3　水泥强度等级值的富余系数

水泥强度等级值	32.5	42.5	52.5
富余系数	1.12	1.16	1.10

●2)集料的种类、质量和用量

除了水泥石强度，混凝土的力学性能还与集料强度、表面形貌以及水泥石和集料的界面过渡区密切相关。集料的类型、表面形貌、颗粒粒径和级配等因素都会影响混凝土力学性能，配制混凝土时宜选择母岩抗压强度较高、颗粒表面粗糙、针片状颗粒含量低的粗集料。例如，配制高强混凝土时，根据《高强混凝土应用技术规程》(JGJ/T 281—2012)的要求，岩石抗压强度应比混凝土强度等级标准值高30%；粗集料应采用连续级配，最大公称粒径不宜大于25 mm；粗集料含泥量不应大于5%；粗集料的针片状颗粒含量不宜大于5%。

●3)施工工艺

混凝土施工工艺主要指混凝土的浇筑和振捣过程中采用的技术措施,如果混凝土施工措施不当,也会造成混凝土力学性能无法达到设计要求。混凝土浇筑通常采用泵送施工,也可以采用料斗吊运或履带式运输。但无论采用哪种方式,混凝土浇筑过程中都不能通过二次加水的方式来提高混凝土坍落度,也就是说,混凝土运输、输送、浇筑过程中严禁加水。此外,上层混凝土应在下层混凝土初凝之前浇筑完毕。混凝土浇筑完成后,应通过振动棒、表面振动器或附着振动器等工具,借助强力振捣使混凝土填充密实。

●4)养护条件

有效的养护可以保证水泥的充分水化和混凝土力学性能的正常发展,有利于提高混凝土的力学性能和耐久性,《混凝土结构工程施工规范》(GB 50666—2011)第8.5节规定:混凝土浇筑后应立即进行保湿养护,保湿养护可采用洒水、覆盖、喷涂养护剂等方式;采用硅酸盐水泥、普通硅酸盐水泥或矿渣硅酸盐水泥配制的混凝土,养护时间不应少于7 d;掺加缓凝型外加剂的混凝土、大掺量矿物掺合料配制的混凝土、抗渗混凝土、强度等级C60及以上的混凝土以及后浇带混凝土的养护时间不应少于14 d。

尽管相关规范对混凝土的养护工艺和养护时间都做出了明确的规定,要求在混凝土初凝前开始养护,或者拆模后立即养护,但是在实际工程中,由于不同工序的衔接问题以及对混凝土养护的重视程度不够,依然存在混凝土浇筑或拆模后不养护或养护不及时的现象,这也是混凝土开裂和力学性能降低的重要原因,尤其是发生温度突变或者处于干燥、高温或低温等恶劣环境时。

●5)龄期

普通混凝土的设计强度通常采用28 d龄期时的抗压强度,即采用28 d龄期抗压强度作为混凝土结构设计的取值依据,但是对于大体积混凝土,也可以采用56 d(60 d)甚至90 d抗压强度作为设计取值依据。

标准养护条件下,随着龄期延长,水泥水化可以长期持续进行,混凝土力学性能持续发展,表现为混凝土抗压强度持续增长。实际的混凝土结构中,混凝土力学性能发展取决于使用环境的温湿度以及侵蚀性介质的种类和浓度等因素。室内干燥环境下,混凝土到一定龄期后力学性能会停止发展,力学性能可以保持长期稳定。在侵蚀性环境下,混凝土长期强度也可能逐渐衰减。

●6)外加剂和掺合料

掺加外加剂和掺合料是改善混凝土物理力学性能的有效措施。外加剂的掺量通常按照其有效含量来计算,需要注意将其掺量控制在合理范围内,外加剂掺量过量也可能导致混凝土出现严重质量问题。例如,液态减水剂的固含量不同,减水剂的减水效果也会存在差异,通常按照其固含量来计算掺量,当外加剂固含量较低时,需要考虑外加剂中的水对水胶比的影响(计算用水量时应包括液态外加剂中的水)。此外,选用外加剂时应注意水泥与外加剂的相容性问题。

混凝土中常用的掺合料包括粉煤灰、矿渣粉、硅灰和磨细石灰石粉等,需要注意掺合料品质降低对混凝土物理力学性能的影响。优质的掺合料能够改善混凝土的物理力学性能,但对于低等级的掺合料,不能过高估计掺合料的有效作用,应该进行系统试验来确定其在混凝土中的合理掺量。此外,还应注意掺合料的品质波动对混凝土物理力学性能的不利影响。

●7) **试验条件**

混凝土抗压强度测试值存在明显的尺寸效应,试件尺寸越小,抗压强度测试值越高,因此,对比不同混凝土的抗压强度时应采用尺寸和养护条件相同的试件。通常认为,混凝土试件尺寸越小,环箍效应的影响越大,而试件内部出现孔隙和微裂缝等局部缺陷的概率越低,因此,混凝土抗压强度测试值随着试件尺寸减小而增大。混凝土试件受压时,压力机机头的钢板和混凝土之间存在摩擦力,使混凝土试件的变形受到了横向约束,因此,混凝土试件受压时不仅有竖向应力,还有横向应力,混凝土试件尺寸小,横向应力的约束作用越明显,表现为环箍效应增强。

钢板和混凝土之间的摩擦系数与钢板表面粗糙度、锈蚀状态、表面涂装以及混凝土含水率和表面状态等因素相关,测试条件不同,得到的摩擦系数的取值也不同。此外,混凝土的含水率对其与钢材或其他材料之间的摩擦系数也有影响,通常认为含水率增大,摩擦系数也随之增大。钢板表面锈蚀程度对其与混凝土摩擦系数的影响如表 4.4 所示。

表 4.4 钢板表面锈蚀程度对其与混凝土摩擦系数的影响

锈蚀程度	无锈	轻锈	重锈	腐锈
锈蚀特征	手感光滑,少量锈蚀,可用干布擦净	手感粗糙,砂纸打磨后基本平整	颗粒状锈蚀,砂纸打磨后局部有锈坑	片状锈渣,砂纸打磨后表面布满锈坑
粗糙度	0.025 ~ 0.040	0.050 ~ 0.170	0.170 ~ 0.340	0.230 ~ 0.660
胶结剪切强度/MPa	0.435	0.568	0.758	0.762
摩擦系数	0.20 ~ 0.25	0.26 ~ 0.30	0.40 ~ 0.50	0.45 ~ 0.60

除试件尺寸外,影响混凝土试件抗压强度测试值的因素还包括试件形状、表面状态、含水状态和加载速度等。上述因素对混凝土试件抗压强度测试值的影响实质上可以概括为环箍效应与缺陷发展。例如,随着含水率增大,混凝土试件抗压强度测试值降低,可解释为,随着荷载增大,毛细孔水产生的压应力会加速混凝土内部缺陷发展和产生内部损伤,从而导致抗压强度测试值降低。随着加载速度增大,混凝土试件抗压强度测试值增大,可以解释为,随着加载速度增大,混凝土内部缺陷和变形发展滞后于荷载变化速度,因此,当加载速度较大时,混凝土抗压强度测试值也随之增大。

4.6 混凝土变形

混凝土凝结硬化之前和硬化之后都会产生变形。混凝土凝结硬化前的变形通常是指塑性收缩。混凝土硬化过程中以及服役状态下,也会产生体积变形,主要包括非荷载作用下的变形(化学收缩、干湿变形、温度变形、自生收缩、碳化收缩)以及荷载作用下的变形等。

●4.6.1 化学收缩

化学收缩是水泥水化过程中的体积变形，是指水泥水化产物的总体积小于水化前反应物的总体积而产生的不可恢复的收缩变形。水泥的化学收缩值为$(4 \sim 100)\times 10^{-6}$ mm/mm，水泥用量增大，混凝土化学收缩也增大。因此，胶凝材料用量较高时，通常需要考虑混凝土的化学收缩，例如高强混凝土和超高性能混凝土。

●4.6.2 干湿变形

混凝土失水干燥过程中会产生干燥收缩变形，而干燥的混凝土吸收水分(或环境相对湿度增大后吸湿)后会产生膨胀变形，混凝土的干缩湿胀变形大部分可逆。由于混凝土吸水膨胀变形量很小，因此，很少关注常规环境下使用的混凝土的湿胀变形。由于干燥收缩变形更大，实际工程中，更关注混凝土的干燥收缩变形。

混凝土凝结硬化过程中，部分水分参与水泥水化，部分水分蒸发，还有一部分水分残留在混凝土中，以自由水和毛细孔水的形式存在。自由水的蒸发不会使混凝土产生明显的干燥收缩，但是毛细孔水失水会产生毛细孔压力，使混凝土产生干燥收缩。随着环境相对湿度的降低，混凝土的干燥收缩值也逐渐增大，当相对湿度不变或者保持在一定范围内时，混凝土的含水率也会保持稳定，含水率在该相对湿度范围内达到平衡，即混凝土达到平衡含水率状态。环境湿度降低时，会破坏含水率平衡状态，导致混凝土产生干燥收缩。

通常情况下，混凝土的28 d干燥收缩值为0.15～0.30 mm/m，其极限干燥收缩值甚至可以达到1.0 mm/m。较大的干燥收缩会导致混凝土开裂，严重影响混凝土结构的耐久性。干燥收缩是导致普通混凝土开裂的主要原因，尤其是超长的混凝土结构，特别要注意控制早期的收缩变形。控制混凝土干燥收缩的主要方法如下：

(1)降低水泥用量，减小水胶比。

(2)增大粗集料用量和粗集料粒径。

(3)掺加膨胀剂。

(4)采取有效的养护措施。

●4.6.3 温度变形

常温环境下，普通混凝土的温度变形系数(线膨胀系数)为$8\times 10^{-6} \sim 15\times 10^{-6}$/℃，《混凝土结构设计规范》(GB 50010—2010)中混凝土的线膨胀系数取值为1.0×10^{-5}/℃；钢材的线膨胀系数与其品种相关，通常为$8\times 10^{-6} \sim 13\times 10^{-6}$/℃，《钢结构设计标准》(GB 50017—2017)中取值为1.2×10^{-5}/℃。混凝土与钢筋的温度变形系数处于同样的范围内，混凝土与钢材的温度变形系数基本一致，同时两者之间有较好的黏结，这两个因素是混凝土和钢筋能够协同工作成为复合材料的基础条件。

混凝土的温度变形包括浇筑后硬化体温度变化产生的变形以及服役过程中由于天气或者季节变化产生的变形。混凝土的温度变形系数看似很小，但对于混凝土结构而言，由于实际结构可能长达几十米甚至几百米，因此混凝土由于温度变化产生的形变量将会非常可观，尤其是超长混凝土结构。对于混凝土结构服役期间的温度变形，可以通过设置变形缝等措施来应对。

除了超长结构，大体积混凝土也需要考虑温度变形。大体积混凝土浇筑后产生的温升可超过 50 ℃，这样大的温升产生的温度变形和温度应力，会导致混凝土开裂。因此，需要控制混凝土的水化升温速度和硬化过程中的降温速度，避免产生过大的温度应力。

●4.6.4 塑性收缩

由于混凝土表面泌水速度低于水分蒸发速度，混凝土表层含水率快速降低，导致混凝土干缩后产生的收缩变形称为塑性收缩。塑性收缩的控制主要是通过控制混凝土拌合物性能和加强养护实现，尤其是干燥、大风天气或高温环境下，更需要加强养护，避免混凝土拌合物浇筑后产生塑性收缩。

●4.6.5 自生收缩

自生收缩简称自收缩，是混凝土初凝之后随着水泥水化进行的，在恒温、恒湿条件下产生的体积收缩。自收缩产生的原因是：随着水泥水化的进行，水泥石中形成大量微孔，微孔中的水分由于参与水化逐渐减少，产生毛细孔压力，使水泥石在毛细孔负压作用下收缩。自收缩是毛细孔中的水分参与水化后由毛细孔压力产生的收缩，而干燥收缩是孔隙水蒸发之后由毛细孔压力产生的收缩。自收缩不包括干燥、沉降、温度变化产生的变形。

自收缩与混凝土的水胶比密切相关，水胶比降低，自收缩增大，而干燥收缩相应降低。例如，水胶比为 0.5 时，混凝土自收缩可以忽略，主要是干燥收缩；水灰比为 0.35 时，自收缩和干燥收缩值接近；水灰比为 0.17 时，主要考虑自收缩，而干燥收缩可以忽略。

●4.6.6 碳化收缩

水泥的水化产物与大气中的 CO_2 发生化学反应称为碳化，混凝土碳化过程中产生的收缩称为碳化收缩。大气中二氧化碳平均浓度接近 0.04%，混凝土碳化速度非常缓慢，因此，碳化收缩也可以忽略。在混凝土碳化性能试验过程中或混凝土制品采用二氧化碳加速养护时，就可能产生较大的碳化收缩，当碳化速度过快时，甚至可能导致混凝土表面出现微裂缝。

●4.6.7 荷载作用下的变形

混凝土既不是弹性材料，也不是塑性材料，而是弹塑性材料。混凝土在荷载作用下的变形较为复杂。在荷载作用下，混凝土既可以产生可恢复的弹性变形，也可以产生不可恢复的塑性变形。荷载作用下的变形包括短期荷载作用产生的变形和长期荷载作用下产生的变形。

●1）弹塑性变形

以混凝土试件的尺度而言，混凝土是非均质材料，且混凝土中物相的组成也较为复杂，凝胶体、晶体、水泥颗粒、集料、水分，还有孔隙，都会影响混凝土的变形。在常规的压力试验机下进行普通混凝土试件受压破坏试验，应力—应变曲线通常包括直线段和曲线段，曲线段的下降段较短；然而，在伺服压力试验机下进行普通混凝土试件的受压破坏试验时，应力—应变曲线下降段会显著延长，说明普通混凝土在破坏过程中也会产生明显的塑性变形。

随着混凝土强度增加，尤其是超高强混凝土，其受压破坏过程中产生的塑性变形会显著减小，表现为更加明显的脆性破坏。

●2)混凝土弹性模量

混凝土是非均质材料,且物相组成极为复杂,水胶比、集料用量和种类等因素会影响混凝土的弹性模量,因此,混凝土弹性模量是变量,而非定值。混凝土强度越高,弹性模量越高。混凝土结构设计规范中,混凝土弹性模量的取值:C15 混凝土为 2.20×10^4 N/mm^2,C30 混凝土为 3.0×10^4 N/mm^2,C80 混凝土为 3.80×10^4 N/mm^2。

●3)徐变

长期恒定荷载作用下(荷载基本不变),沿着作用力方向,随着时间延长,混凝土试件会产生压缩变形,这种变形称为徐变。顾名思义,徐变就是缓慢的变形。实际上,在混凝土受压早期徐变量较大,而后期产生的徐变量较小,通常需要 2~3 年,徐变才能稳定。混凝土的徐变为 300×10^{-6} ~ $1\ 500\times10^{-6}$ m/m,徐变甚至可以超过干燥收缩变形。荷载卸除后,部分徐变会瞬间恢复,此后,徐变缓慢恢复,但仍有部分残余变形无法恢复。

图书馆、书库、展览馆、档案馆、桥梁等建筑物,以及预应力混凝土结构,在结构设计时通常需要考虑混凝土的徐变。此外,对于图书馆、书库、档案馆、大型展览馆等建筑物,当书籍、档案或者重型货物快速搬离后,混凝土柱因快速卸荷产生的徐变瞬间恢复,可能会导致混凝土拉裂。

4.7 混凝土耐久性

混凝土耐久性包含抗冻性、抗渗性、抗硫酸盐侵蚀、抗氯离子渗透性、抗碳化性能、碱—集料反应等多个方面,其中硫酸盐侵蚀、碳化和碱—集料反应属于化学侵蚀。

●4.7.1 抗冻性

首先需要说明的是,混凝土早龄期时害怕受冻,已经充分硬化的混凝土并不害怕受冻,而且在负温环境下,在一定温度范围内,随着环境温度的降低,混凝土抗压强度和抗拉强度还会逐渐增加。根据《低温环境混凝土应用通用规范》(征求意见稿)第 4.2.3 条,低温环境下混凝土的轴心抗压强度设计值和轴心抗拉强度设计值,在 −197 ~ −40 ℃时,均随着温度降低而逐渐增加,例如,常温环境以及 −40 ℃,−80 ℃,−120 ℃,−160 ℃和 −197 ℃时,C40 混凝土的轴心抗压强度设计值分别为 19.1,20.0,23.3,25.5,26.1 和 26.2 N/mm^2,C40 混凝土的轴心抗拉强度设计值分别为 1.71,1.79,2.10,2.31,2.36 和 2.37 N/mm^2。

上述数据说明混凝土不怕冻,因此,抗冻性主要是指混凝土抵抗冻融循环破坏的能力。混凝土属于多孔材料,内部的毛细孔含水,当毛细孔内的水冻结时,冰晶体积膨胀产生的压应力会导致混凝土孔隙破坏。在冻融循环作用下,混凝土物理力学性能逐渐劣化,表现为混凝土表面逐渐剥落,抗压强度逐渐降低。

当混凝土的温度降低到负温时,混凝土内部的水分并不会立即全部结冰。当温度降低到 −10 ℃时,混凝土内部水分结冰的比例也可能不足 50%,即使温度降低到 −20 ℃,混凝土内部仍然有 1% ~3% 的毛细孔水未冻结(与混凝土水灰比有关,水灰比越小,未冻结的毛细孔水的比例越高)。混凝土内部的水分并不是纯水,还含有多种类型的离子,即使不掺加早强剂或防冻剂,混凝土内的自由水和毛细孔水的冰点也不是0 ℃。毛细孔水的冰点不仅与孔隙溶液的离子浓度相关,还与毛细孔孔径有关,随着毛细孔孔径降低,毛细孔水的冰点也会逐渐降低。混凝土中孔径低于50 nm的孔隙中含有的水分在冻融循环试验过程中并未冻结 。因此,与普通混凝土相比,高性能混凝土和超高性能混凝土的有害孔少,抗冻性更为优异。

●4.7.2 抗渗性

抗渗性可以反映混凝土的密实度和孔隙结构,普通混凝土常用抗水渗透性来表征密实度,并通过抗压力水渗透试验来评价混凝土抗水渗透性和抗侵蚀能力。但是对于高强混凝土、高性能混凝土以及超高性能混凝土,由于孔隙率低,采用压力水渗透试验方法难以评价抗渗性,常采用抗氯离子渗透试验、抗气体渗透性试验等方法来表征渗透性,例如超高性能混凝土(UHPC)采用抗氯离子渗透试验评价其渗透性,要求UHPC的氯离子扩散系数应不大于$20\times10^{-14}m^2/s$。

●4.7.3 抗硫酸盐侵蚀

自然环境中含有的硫酸盐,如硫酸钠、硫酸钾和硫酸钙等溶解在水中与混凝土接触可能会导致混凝土严重腐蚀。隧道、地下结构以及桥梁和建筑物的基础可能在服役过程中受到硫酸盐侵蚀,混凝土结构的服役环境邻近盐湖或富含石膏矿物,也容易遭受硫酸盐侵蚀。

混凝土的硫酸盐侵蚀较为复杂,通常认为混凝土的硫酸盐侵蚀包含以下5种类型。

(1)硫酸盐结晶型侵蚀,硫酸盐结晶析出,体积膨胀产生结晶压力,混凝土开裂和表面泛霜。

(2)钙矾石结晶型侵蚀,钙矾石结晶膨胀,导致混凝土开裂。

(3)石膏结晶型侵蚀,硫酸根离子浓度较高时,与混凝土孔隙溶液中钙离子生成硫酸钙,产生结晶压力,导致混凝土开裂。

(4)硫酸镁侵蚀型,硫酸镁与氢氧化钙在水存在时,可以较快地反应生成硫酸钙和氢氧化镁,产生镁盐和硫酸盐的双重腐蚀。

(5)碳硫硅钙石结晶型侵蚀,低温(5~15 ℃)且富含水的环境下,当混凝土中硫酸盐含量较高或者水体中硫酸盐含量较高时,碳酸根离子、硫酸根离子、硅酸盐等与C—S—H凝胶反应,使C—S—H凝胶转变为灰白色的无胶凝能力的泥状物质(碳硫硅钙石)。

硫酸盐侵蚀类型较多,且侵蚀机理和侵蚀条件也较为复杂,尤其是碳硫硅钙石型侵蚀。因此,当混凝土结构服役环境中硫酸盐含量较高时,应特别注意防止混凝土发生硫酸盐侵蚀。

●4.7.4 抗氯离子渗透性

关注混凝土的抗氯离子渗透性实质上是担心混凝土中的钢筋腐蚀。将混凝土浸泡在海水中,其力学性能并不会快速劣化,但是氯离子扩散到混凝土中的钢筋表面发生的电化学反应可能导致钢筋锈蚀,从而使混凝土结构被破坏。通常用氯离子迁移系数或电通量来表征混凝土的抗氯离子渗透性。

海洋或滨海环境服役的结构、盐湖环境服役的结构以及与除冰盐接触的结构,混凝土需要满足抗氯离子渗透性要求。此外,高性能混凝土和超高性能混凝土也用抗氯离子渗透性来表征其渗透性,从而判断其是否满足长期服役的耐久性要求。

●4.7.5 抗碳化性能

水泥主要水化产物 $Ca(OH)_2$ 和 C—S—H 在有水存在(必须有水存在)时可以和 CO_2 发生化学反应。

$$Ca(OH)_2 + CO_2 \longrightarrow CaCO_3 + H_2O$$

$$C—S—H + CO_2 \longrightarrow C—S—H_{(\text{低钙硅比})} + CaCO_3 + H_2O$$

混凝土含水率较高时,毛细孔中充满水分,CO_2 难以进入,碳化难以进行;而混凝土过于干燥,缺乏水分时,碳化也难以发生。通常认为环境相对湿度为45% ~70%,混凝土易于碳化。碳化和碳化收缩对混凝土力学性能的影响较小,混凝土碳化的主要危害是钢筋因混凝土碳化而失去钝化膜保护产生锈蚀。

●4.7.6 碱—集料反应

碱—集料反应是指水泥、掺合料、外加剂等混凝土组分及环境中的碱与集料中的碱活性矿物(活性 SiO_2 和活性碳酸盐)在潮湿环境下缓慢发生化学反应,生成吸水后膨胀3倍以上的碱—硅酸凝胶或碱—碳酸盐凝胶,并致使混凝土开裂破坏的现象。碱—集料反应通常在混凝土浇筑后两三年甚至更长的时间里才发生。碱—集料反应包括碱—硅酸反应和碱—碳酸盐反应。碱—硅酸反应是指碱与集料中的活性氧化硅发生化学反应,在集料表面生成复杂的碱—硅酸凝胶,该凝胶不断吸水,体积膨胀3倍以上,导致混凝土胀裂或酥松。

碱—集料反应的发生须同时具备下列3个条件:①碱含量超标;②集料中含有碱活性矿物,如活性 SiO_2、活性白云石;③环境潮湿,水分渗入混凝土。

预防或抑制碱—集料反应的措施有:①使用碱含量小于0.6%的水泥,以降低混凝土总的碱含量;②减少或不用活性集料;③使混凝土致密,或混凝土表面采取包覆措施,防止水分进入混凝土内部,使混凝土处于干燥环境中;④掺加能抑制碱—集料反应的掺合料,如粉煤灰、硅灰等。

需要注意的是,碱—集料反应是混凝土中的碱(包括外界环境渗入的碱)与集料中的碱活性矿物发生反应,而不包括混凝土中的碱与掺合料中的活性矿物的反应。混凝土中的碱与矿物掺合料的火山灰反应在混凝土凝结硬化早期发生,与碱—集料反应的产物不同,生成的水化产物 C—S—H 凝胶可以填充混凝土孔隙,不会产生膨胀性破坏。

●4.7.7 早期抗裂性能

为什么将混凝土早期抗裂性能归类为混凝土耐久性呢?实质上,如果混凝土不开裂,水分以及外界环境中的侵蚀性介质就很难快速进入混凝土内部,也就不会导致混凝土性能快速劣化。因此,防止混凝土早期开裂可以显著提高混凝土结构的耐久性。

防止混凝土开裂是混凝土工程重点关注的技术问题,然而仅通过单一措施难以完全解决混凝土开裂问题。三峡大坝、港珠澳大桥、北京大兴国际机场等重要基础设施,在混凝土施工过程中均采用了综合抗裂技术措施,包括优化水泥矿物组分,采用高品质掺合料,控制混凝土坍落度和加强养护等综合技术措施。此外,自修复混凝土的研究也为解决混凝土开裂问题提供了重要的选择。

4.8 混凝土配合比设计

混凝土配合比设计是土木工程材料课程的重要内容,需要重点学习并掌握混凝土配合比设计的基本原则和配合比计算方法。

■4.8.1 混凝土配合比设计的基本要求

混凝土配合比设计,是指根据原材料的技术性能及施工条件,合理选择原材料,确定能够满足工程应用要求和技术经济指标的混凝土组成材料的用量。作为结构材料,混凝土的主要技术性能要求包括强度、和易性、耐久性等。混凝土配合比设计的基本要求如下:

(1)强度要求:满足混凝土结构设计的强度等级。

(2)施工性能要求:混凝土拌合物和易性满足施工要求。

(3)耐久性要求:满足混凝土结构设计中耐久性要求,如抗冻等级、抗渗等级等。

(4)成本要求:尽量节约水泥和降低混凝土成本。

需要强调的是,设计混凝土配合比时绝不能本末倒置,将混凝土成本控制目标置于混凝土强度、施工性能和耐久性要求之上。

■4.8.2 混凝土配合比设计步骤

混凝土配合比计算步骤较为简单,设计单位确定混凝土强度等级和施工技术要求之后,按照《普通混凝土配合比设计规程》(JGJ 55—2011)中的要求即可计算出混凝土的配合比。但是,要真正设计出满足实际工程应用要求的混凝土,配合比计算仅仅是迈出了一小步。

设计出满足工程应用要求的混凝土,更重要的是配合比计算完成后的混凝土配合比试配与配合比调整。进行混凝土试配时,需要全面掌握混凝土原材料的性能,熟悉原材料性能对混凝土拌合物性能和力学性能的影响规律,这样才能顺利完成混凝土配合比试配。因此,要熟练掌握混凝土配合比设计,首先就要掌握水泥、集料、掺合料和外加剂对水泥水化和混凝土拌合物和易性以及混凝土力学性能的影响规律。

此外,混凝土试配时不能随意调整水灰比,混凝土拌合物和易性不满足设计要求时,可以调整砂率和外加剂掺量,或者在保持水灰比不变的同时调整用水量和胶凝材料用量。

4.9 混凝土的生产、运输、浇筑及养护

◇1)预拌混凝土

预拌混凝土,是指原材料组分按比例在搅拌站经计量、拌制后出售的,并采用运输车在规定时间内运送到使用地点的混凝土拌合物。由于其多为商品出售,因此也称为商品混凝土。

预拌混凝土是目前最主要的混凝土生产方式。混凝土集中拌制有利于采用新技术,提高机械化、自动化程度;有利于严格控制拌制工艺,提高计量精度,确保混凝土工程质量,降低劳动力消耗,提高劳动生产率;同时还可以加快工程进度,提高建筑工业化水平和建筑行业的整

体形象,促进混凝土及相关产业的技术进步;大量利用工业废料,还可避免现场拌制混凝土产生扬尘污染。

预拌混凝土生产过程已经实现了全自动控制,而且商品混凝土生产企业的集约化程度也越来越高,混凝土生产水平和混凝土质量已显著提高。

◇2)泵送混凝土

通过泵压作用沿输送管道强制流动到目的地并进行浇筑的混凝土,称为泵送混凝土。预拌混凝土通过混凝土罐车运输到施工现场后,再通过混凝土泵和输送管道将混凝土输送到指定的部位。目前,混凝土水平泵送距离已经超过1 000 m,垂直泵送高度已经超过600 m(阿联酋迪拜塔)。

●3)混凝土浇筑成型

混凝土浇筑是混凝土施工过程中非常重要的环节,也是最难控制的环节。混凝土浇筑成型包括混凝土泵送、摊铺和振捣等环节,人工操作的工序越多,施工质量控制难度越大。混凝土浇筑前,应检查模板拼装质量是否满足要求,避免出现漏浆等质量问题;同时还应检查模板内或浇筑部位是否存在杂物和积水,尤其是高度较大的柱和剪力墙等竖向构件以及桩基础。如果模板内或桩底的积水未清除,则会导致混凝土强度严重降低。需要强调的是,在混凝土分层、分块浇筑时,应在下层混凝土初凝前进行上层混凝土的浇筑和振捣。

●4)混凝土养护

混凝土养护的目的是保持混凝土内部的水分,使混凝土中的胶凝材料水化更加充分,同时也可以降低混凝土早期收缩变形。混凝土结构现场养护难度较大,缺乏有效养护是混凝土表面开裂和强度达不到设计要求的重要原因之一。因此,应严格按照混凝土施工规范要求,采取合理的养护措施,从而保证混凝土质量达到设计要求并且满足耐久性要求。

4.10 混凝土的强度评定

熟练掌握混凝土的强度评定方法是学习土木工程材料课程的基本要求。混凝土的强度评定包括统计方法评定和非统计方法评定。同一组混凝土抗压强度数据,采用统计方法评定和采用非统计方法评定,得到的结论可能不一致。

●1)相关概念

学习混凝土强度评定方法之前需要掌握以下基本概念。

(1)抗压强度平均值:代表混凝土抗压强度总体样本的算术平均值。

(2)标准差:反映抗压强度离散程度,标准差越小,说明抗压强度离散程度越小,混凝土质量越稳定。标准差通过统计计算方法得到。

(3)变异系数:反映强度离散程度,变异系数越小说明混凝土生产水平越高,质量越稳定。

标准差也可以反映混凝土质量控制水平,但是不同强度等级之间不宜用标准差来评价混凝土强度波动性,尤其是混凝土强度等级差异较大时。

●2)统计方法评定

大批量连续生产的混凝土,生产条件在较长时间内保持一致,且同一品种、同一强度等级的强度变异性保持稳定。搅拌站混凝土产量大,混凝土抗压强度数据样本数量大,可以更为准确地计算出混凝土强度标准差。因此,评定大批量稳定生产的混凝土的强度时可以采用检验批(样本数量不少于45)混凝土强度标准差,例如搅拌站生产的预拌混凝土,可以用连续3组试件组成一个检验批来评定混凝土抗压强度和强度等级。

当没有足够的数据用于确定检验批混凝土立方体抗压强度标准差时,应由不少于10组试件组成一个检验批来计算标准差(标准差计算值小于2.5 N/mm^{2}时,取标准差为2.5 N/mm^2),并利用混凝土强度的合格评定系数来评价混凝土强度是否满足设计要求。

●3)非统计方法评定

非统计方法适用于评定小批量或零星生产的混凝土的强度,同时也常用于施工现场的混凝土强度评定。非统计方法的合格评定系数取值通常大于统计方法的合格评定系数,因此同一组试件采用非统计方法和统计方法评定强度时,可能得到不同的结论。以一组C30混凝土试件的抗压强度评定为例,C30混凝土抗压强度标准值为30 N/mm^2,施工现场采用非统计方法时,混凝土抗压强度代表值不应小于0.95×30 N/mm^2;而搅拌站采用统计方法评定时,混凝土抗压强度代表值不应小于0.90×30 N/mm^2。

需要再次强调的是,混凝土强度等级是统计学概念,当不确定混凝土设计强度等级时,不能用一组或几组($n<10$)试件的抗压强度代表值去评定混凝土强度等级;当已知混凝土强度等级时,则可以判定每一组试件的抗压强度代表值是否满足混凝土设计强度等级要求。

4.11　其他品种混凝土

混凝土类型众多,除了应用最广泛的普通混凝土,还有轻集料混凝土、纤维混凝土、大孔混凝土、碾压混凝土以及聚合物混凝土等。纤维混凝土、大孔混凝土、碾压混凝土也常被归类为特种混凝土。

另外,有教材将泵送混凝土列为特种混凝土或特殊混凝土,但是泵送只是一种施工工艺,混凝土已经普遍采用泵送方式施工,一些特种混凝土也可以采用泵送工艺施工,因此,泵送混凝土不应被视为特种混凝土。此外,机制砂混凝土目前也不应被归类为特种混凝土,因为机制砂混凝土现在也已经被广泛用于实际工程。

◇1)轻集料混凝土

轻集料混凝土主要用于围护结构以及楼面或屋面保温。陶粒等轻质集料吸水率高、颗粒强度波动性大,导致轻集料混凝土的生产、运输、泵送和浇筑施工都较为困难,尤其是用于现浇混凝土结构,虽然也有轻集料混凝土现场浇筑混凝土结构构件的成功案例,但是轻集料混凝土作为结构材料用于实际结构仍然较少。此外,高强陶粒生产成本高,生产企业少,产量低,也限制了陶粒混凝土作为结构材料用于实际工程。

◇2)特细砂混凝土

细度模数0.7~1.5的天然河砂称为特细砂,特细砂的颗粒粒径小,比表面积大,含泥量较高,导致特细砂混凝土施工性能差、水化热大、早期收缩变形大、易开裂。因此,在满足混凝土配制强度、拌合物性能、力学性能和耐久性能等设计要求和施工要求的前提下,特细砂混凝土配合比设计应遵循低胶凝材料用量、低用水量、低砂率和低收缩性能的原则。考虑到特细砂对混凝土性能的不利影响，特细砂主要用于生产 C40 及其以下强度等级的混凝土。此外，由于河砂的开采限制，特细砂混凝土的生产和应用也逐渐减少。

◇3）**纤维混凝土**

目前用于制备纤维混凝土的工程纤维主要有钢纤维、聚丙烯纤维和玄武岩纤维。例如，隧道衬砌施工时，喷射混凝土中可以掺加钢纤维，以提高混凝土抗裂性；桥梁大体积混凝土也可掺加聚丙烯纤维，以提高混凝土早期抗裂性；玄武岩纤维也可以作为混凝土的增强材料。而短切碳纤维和短切聚乙烯醇纤维等特种纤维，由于价格相对较高，且分散困难，通常不会用于制备混凝土，更多的是作为功能性材料。

采用纤维作为混凝土增强材料时，纤维的分散性、抗拉强度和弹性模量对其增强效果具有显著影响，抗拉强度和弹性模量低的纤维主要用于提高混凝土早期抗裂性，对提高混凝土韧性并无显著作用。纤维在混凝土中均匀分散较为困难，且对混凝土拌合工艺要求较高，因此，在纤维增强混凝土的生产和施工过程中要特别注意纤维分散性。纤维混凝土拌和和浇筑过程对纤维分散性和混凝土坍落度损失控制要求严格，拌合物和易性较差会导致纤维混凝土质量严重降低。因此，纤维混凝土用于实际工程时要非常慎重。

◇4）**大孔混凝土**

制备大孔混凝土时不掺加细集料。大孔混凝土主要用于改善建筑环境和生态环境，如市政建设中透水路面常用的透水混凝土与河道湖泊护坡采用的大孔混凝土。透水混凝土在海绵城市建设、边坡防护和河道生态保护方面已经广泛应用，但是不同的工程对大孔混凝土的孔隙结构和透水性能也提出了不同的要求，需要根据工程应用场景去设计大孔混凝土配合比。

◇5）**碾压混凝土**

碾压混凝土主要用于大坝、道路路面和机场跑道建设，碾压混凝土的工作性采用维勃稠度法试验评定。碾压混凝土水泥用量低，施工机械化程度高，施工速度快，有利于降低混凝土水化热和干燥收缩变形。

◇6）**高性能混凝土**

土木工程技术的发展是以土木工程材料的发展为基础的，土木工程材料的高性能化，尤其是混凝土的高性能化，将显著提升我国混凝土工程技术水平。

高性能混凝土以耐久性作为设计的主要指标，针对不同用途、要求，对下列性能重点予以保证：耐久性、工作性、适用性、强度、体积稳定性和经济性。为此，高性能混凝土配制的特点是：采用低水胶比，选用优质原材料，且必须掺加足够数量的掺合料（矿物细掺料）和高效外加剂。

高性能混凝土突破了普通混凝土以强度为中心的配制原则，水灰比定则已经不适用于高性能混凝土的配合比设计。高性能混凝土不仅要求优异的力学性能，更强调混凝土拌合物和易性以及混凝土的长期性能和耐久性。基于高性能混凝土的优异性能，我国建设工程领域大力推广高性能混凝土的工程应用，并成功用于港珠澳大桥等重要基础设施。港珠澳大桥设计使用寿命为 120 年，对混凝土抗裂性和抗渗性能等技术指标提出了极高的要求，只有采用高性能混凝土才能满足严酷环境下服役的重大基础设施对混凝土提出的长寿命要求。高性能混凝土在海洋、高寒等严酷环境下的成功应用再次证明我国的混凝土工程技术已经处于世界领先水平。

◇7)**超高性能混凝土**(UHPC)

超高性能混凝土是指具有优异抗渗性能、抗拉或/和抗压性能,可有表观应变硬化或软化行为的水泥基复合材料。其中的氯离子扩散系数应不大于 $20\times10^{-14}\ m^2/s$、弹性极限抗拉强度不小于 5 MPa 或/和抗压强度不小于 120 MPa,开裂后有表观应变硬化或持力软化行为特征。

超高性能混凝土与高性能混凝土相比,不仅明确了耐久性指标,耐久性要求也更高,力学性能指标也更高。超高性能混凝土是目前混凝土工程技术研究领域的热点。

◆ 本章习题

一、单项选择题

(1)普通混凝土一般采用天然砂石作为集料,其表观密度是(　　)。

A. 2 000 ~ 2 500 kg/m^3　　B. 2 000 ~ 2 800 kg/m^3

C. 2 000 ~ 3 000 kg/m^3　　D. 2 000 ~ 2 400 kg/m^3

(2)重混凝土一般用于原子能工程,其表观密度应大于(　　)。

A. 2 500 kg/m^3　　B. 2 800 kg/m^3　　C. 3 000 kg/m^3　　D. 3 200 kg/m^3

(3)轻混凝土一般用于承重隔热构件和保温隔热材料,其表观密度应小于(　　)。

A. 1 400 kg/m^3　　B. 1 600 kg/m^3　　C. 1 800 kg/m^3　　D. 2 000 kg/m^3

(4)高强混凝土的强度等级应不小于(　　)。

A. C50　　B. C60　　C. C70　　D. C80

(5)超高强混凝土的强度等级应大于(　　)。

A. C70　　B. C80　　C. C90　　D. C100

(6)配制在干燥环境中使用的混凝土时,不宜选用(　　)。

A. 硅酸盐水泥　　B. 普通硅酸盐水泥

C. 矿渣硅酸盐水泥　　D. 火山灰质硅酸盐水泥

(7)配制有抗渗要求的混凝土时,不宜选用(　　)。

A. 硅酸盐水泥　　B. 普通硅酸盐水泥

C. 矿渣硅酸盐水泥　　D. 火山灰质硅酸盐水泥

(8)下列有关水泥的叙述,不正确的是(　　)。

A. 喷射混凝土以采用普通硅酸盐水泥为宜

B. 有耐磨要求的混凝土,应优先选用火山灰质硅酸盐水泥

C. 道路硅酸盐水泥具有较好的耐磨和抗干缩性能,28 d 干缩率不得大于 0.1%

D. 快硬硅酸盐水泥应适当增大熟料中 C_3S 与 C_3A 的含量,并提高石膏掺量和水泥细度

(9)用于高温车间的混凝土结构,配制混凝土时应优先选用(　　)。

A. 粉煤灰硅酸盐水泥　　B. 矿渣硅酸盐水泥

C. 火山灰质硅酸盐水泥　　D. 普通硅酸盐水泥

(10)配制大体积混凝土采用的中低热水泥的 C_3A 含量不应超过(　　)。

A. 5%　　B. 6%　　C. 7%　　D. 8%

(11)配制大坝混凝土时,水工硅酸盐水泥的比表面积不应低于 (　　)

A. 250 m^2/kg　　B. 300 m^2/kg　　C. 350 m^2/kg　　D. 200 m^2/kg

(12)砂和石子在混凝土中起(　　)作用。

A. 骨架　　B. 增强　　C. 提高密实度　　D. 提高和易性

(13)混凝土所用集料按粒径大小分为粗集料和细集料,粒径小于(　　)的为细集料。

A. 4.5 mm　　B. 4.75 mm　　C. 5.0 mm　　D. 10.0 mm

(14)砂的级配区可以分为Ⅰ区、Ⅱ区和Ⅲ区,配制混凝土时,应优先选用(　　)。

A. Ⅰ区　　B. Ⅱ区　　C. Ⅲ区　　D. 混合砂

(15)配制混凝土所用砂、石应尽量满足的要求是 (　　)。

A. 总表面积大些,总孔隙率小些　　B. 总表面积大些,总孔隙率大些

C. 总表面积小些,总孔隙率小些　　D. 总表面积小些,总孔隙率大些

(16)常用压碎指标作为强度指标的材料是(　　)。

A. 普通混凝土　　B. 轻集料混凝土　　C. 轻集料　　D. 粗集料

(17)自然堆积状态下,间断级配粗集料的空隙率(　　)连续级配粗集料的空隙率。

A. 小于　　B. 大于　　C. 等于　　D. 不一定

(18)采用间断级配的粗集料取代连续级配粗集料来配制混凝土时,应选用(　　)。

A. 较小砂率　　B. 较大砂率

C. 相等砂率　　D. 对砂率大小无要求

(19)配制预应力混凝土时,拌合水中的氯离子含量不应大于(　　)。

A. 500 mg/L　　B. 1 000 mg/L　　C. 1 500 mg/L　　D. 2 000 mg/L

(20)配制钢筋混凝土时,拌合水中的氯离子含量不应大于(　　)。

A. 500 mg/L　　B. 1 000 mg/L　　C. 1 500 mg/L　　D. 2 000 mg/L

(21)配制预应力混凝土时,拌合水中的硫酸根离子含量不应大于(　　)。

A. 300 mg/L　　B. 600 mg/L　　C. 1 000 mg/L　　D. 2 000 mg/L

(22)配制钢筋混凝土时,拌合水中的硫酸根离子含量不应大于(　　)。

A. 600 mg/L　　B. 1 000 mg/L　　C. 1 500 mg/L　　D. 2 000 mg/L

(23)采用普通硅酸盐水泥配制预应力钢筋混凝土时,粉煤灰取代水泥的最大限量是(　　)。

A. 10%　　B. 15%　　C. 20%　　D. 25%

(24)采用普通硅酸盐水泥配制钢筋混凝土时,粉煤灰取代水泥的最大限量是(　　)。

A. 10%　　B. 20%　　C. 25%　　D. 30%

(25)早强剂是指能提高混凝土早期强度,并对(　　)无显著影响的外加剂。

A. 后期强度　　B. 稠度　　C. 密实度　　D. 和易性

(26)寒冷地区室外混凝土工程,常采用的混凝土外加剂是(　　)。

A. 减水剂　　B. 早强剂　　C. 引气剂　　D. 防冻剂

(27)混凝土拌合物在本身自重或施工机械振捣作用下,能产生流动,并均匀密实地填满模板的性能称为(　　)。

A. 和易性　　B. 黏聚性　　C. 保水性　　D. 流动性

(28)根据坍落度大小,可以将混凝土拌合物分为4级,其中塑性混凝土坍落度为(　　)。

A. 50 ~ 90 mm　　B. 100 ~ 150 mm　　C. 160 ~ 220 mm　　D. 220 ~ 270 mm

(29)水泥水化后生成物的体积小于反应前物质的总体积,而使混凝土在硬化过程中产生收缩,这种收缩称为(　　)。

A. 化学收缩　　B. 干燥收缩　　C. 碳化收缩　　D. 硬化收缩

(30)混凝土抵抗压力水、油等液态渗透的能力称为(　　)。

A. 抗渗性　　B. 抗渗等级　　C. 耐久性　　D. 抗侵蚀性

(31)混凝土碳化是指空气中的二氧化碳与水泥水化产物中的(　　)在有水存在的条件下发生化学反应,生成碳酸钙和水。

A. 水化硅酸钙　　B. 氧化钙　　C. 氢氧化钙　　D. 钙矾石

(32)混凝土分层浇筑时应根据浇筑厚度分别进行振捣,振动棒前端应插入前一层混凝土中,插入深度不应小于(　　)。

A. 50 mm　　B. 100 mm　　C. 150 mm　　D. 200 mm

(33)振捣混凝土时,振动棒与模板的距离不应大于振动棒作用半径的 0.5 倍,振捣插点间距不应大于振动棒作用半径的(　　)。

A. 0.5 倍　　B. 1.0 倍　　C. 1.2 倍　　D. 1.4 倍

(34)采用缓凝型外加剂、大掺量矿物掺合料配制的混凝土,养护时间不应少于(　　)。

A. 7 d　　B. 14 d　　C. 21 d　　D. 28 d

(35)抗渗混凝土、强度等级 C60 及以上的混凝土,养护时间不应少于(　　)。

A. 3 d　　B. 7 d　　C. 14 d　　D. 21 d

(36)后浇带混凝土的养护时间不应少于(　　)。

A. 7 d　　B. 14 d　　C. 21 d　　D. 28 d

(37)下列关于混凝土徐变,说法错误的是(　　)。

A. 水泥用量越多徐变越大　　B. 混凝土弹性模量越大徐变越小

C. 混凝土徐变没有好处　　D. 混凝土徐变有利亦有弊

(38)混凝土配合比设计选用合理砂率的主要目的是(　　)。

A. 提高混凝土强度　　B. 改善混凝土和易性

C. 减少水泥用量　　D. 降低粗集料用量

(39)测定混凝土劈裂抗拉强度时宜采用边长为 150 mm 的立方体试件,如果采用边长为 100 mm 的立方体试件,试验结果应乘以强度换算系数(　　)。

A. 0.85　　B. 0.90　　C. 0.95　　D. 1.05

二、判断题

(1)普通混凝土抗压强度越高其表观密度越大。(　　)

(2)随着抗压强度增大,混凝土破坏时脆性降低。(　　)

(3)混凝土是脆性材料,受压破坏时没有塑性变形。(　　)

(4)增大混凝土保护层厚度的主要目的是防止钢筋锈蚀。(　　)

(5)混凝土结构的防火性能优于普通钢结构。(　　)

(6)混凝土是脆性材料,不能承受拉应力。(　　)

(7)可以采用 pH 值小于 7 的水作为混凝土拌和用水。(　　)

(8)严禁用地表水作为混凝土拌和用水。(　　)

(9)普通硅酸盐水泥不宜用于大体积混凝土工程。 (　　)

(10)硅酸盐水泥中石膏掺量以 SO_3 计算不得超过 4.0%。 (　　)

(11)体积安定性检验不合格的水泥可以降级使用或作混凝土掺合料。 (　　)

(12)强度检验不合格的水泥可以降级使用或作混凝土掺合料。 (　　)

(13)有低浓度硫酸盐侵蚀的混凝土工程宜优先选用矿渣水泥。 (　　)

(14)有抗冻和抗渗要求的混凝土工程宜优先选用火山灰水泥。 (　　)

(15)硅酸盐水泥中石膏的掺量与水泥细度有关。 (　　)

(16)普通水泥的细度不合格时,水泥为不合格品。 (　　)

(17)压碎指标值越大,说明集料抗压碎的能力越强。 (　　)

(18)混凝土设计强度等级等于配制强度平均值时,其强度保证率为 95%。 (　　)

(19)普通混凝土的强度等级是根据 3 d 和 28 d 的抗压、抗折强度确定的。 (　　)

(20)在混凝土中加掺合料或引气剂可改善混凝土的黏聚性和保水性。 (　　)

(21)混凝土中掺加适量引气剂必然会导致其抗冻性降低。 (　　)

(22)引气剂的掺量一般为水泥质量的 0.5% ~1.5%。 (　　)

(23)增大矿渣的比表面积,可以提高其活性指数。 (　　)

(24)除了膨胀剂外,外加剂的掺量均小于水泥质量的 5%。 (　　)

(25)混凝土孔隙率增大,其抗压强度和抗冻性均降低。 (　　)

(26)采用最大粒径大、级配好、表面光滑的粗集料时,合理砂率大。 (　　)

(27)配制混凝土时,砂的细度模数越小,合理砂率越大。 (　　)

(28)同一种天然砂,细度模数越小,则其堆积密度越大。 (　　)

(29)测试混凝土抗压强度时,试件尺寸越小,抗压强度测试值越大。 (　　)

(30)测试混凝土抗压强度时,试件含水率越高,抗压强度测试值越大。 (　　)

(31)混凝土配合比不变,粗集料的最大粒径增大,混凝土流动性降低。 (　　)

(32)超过合理砂率后继续增大砂率,水泥浆数量不变,混凝土流动性增大。 (　　)

(33)混凝土的强度随着水灰比的增大而降低,呈现线性关系。 (　　)

(34)塑性混凝土单位用水量增加,其干缩率降低。 (　　)

(35)施加荷载时,混凝土试件龄期越短,混凝土徐变越大。 (　　)

(36)其他条件不变时,水灰比越大,混凝土渗透系数越小。 (　　)

(37)掺加适量引气剂后,混凝土抗压强度和耐久性均降低。 (　　)

(38)掺加适量引气剂可以改善混凝土拌合物和易性。 (　　)

(39)掺加氯化钙或氯化钠可以提高混凝土早期强度和抗冻性。 (　　)

(40)变异系数越小,说明混凝土质量越稳定。 (　　)

(41)浇筑混凝土时宜先浇筑高强度等级混凝土,后浇筑低强度等级混凝土。 (　　)

(42)延长混凝土保湿养护时间,可以显著降低混凝土总干燥收缩值。 (　　)

(43)采用湿热养护可以显著降低混凝土的总干燥收缩值。 (　　)

(44)测试混凝土抗压强度时,试件尺寸越小,抗压强度测试值越大。 (　　)

(45)测试混凝土抗压强度时,试件含水率越高,抗压强度测试值越大。 (　　)

(46)混凝土抗压强度增大,其耐久性也一定提高。 (　　)

(47)水泥用量增大,混凝土的抗压强度一定提高。 (　　)

三、计算题

（1）混凝土表观密度ρ_0为2 400 kg/m^3，水泥用量为300 kg/m^3，水灰比为0.50，砂率S_p为35%。试计算混凝土的质量配合比。（计算结果精确到1 kg）

（2）已知某混凝土的水灰比为0.4，用水量为180 kg/m^3，砂率为33%，现场砂、石含水率分别为3%和1%，混凝土拌合物成型后实测其表观密度为2 400 kg/m^3。试求该混凝土现场施工配合比。（计算结果精确到1 kg）

（3）某种岩石密度为2.75 g/cm^3，孔隙率为1.5%，该岩石破碎后获得的碎石的堆积密度为1 560 kg/m^3。试求该岩石的表观密度和碎石的空隙率。（计算结果精确到0.01）

（4）混凝土初步计算配合比为水泥∶砂∶石＝1∶2.13∶4.31，水灰比为0.58。经试拌调整，砂、石质量不变，增加10%水泥浆后同时满足了强度和坍落度要求。已知用该实验室配合比制成的混凝土每立方米需水泥320 kg(增加水泥浆后的最终水泥质量)。试计算每立方米混凝土所需其他材料的用量。（计算结果精确到1 kg）

（5）某混凝土配合比经过实验室调整以后各材料用量为：水泥310 kg/m^3，水178 kg/m^3，砂子670 kg/m^3，碎石1 240 kg/m^3。现场的砂子含水率为5%，碎石含水率为2%。试计算该混凝土的施工配合比。

（6）成型3个100 mm×100 mm×100 mm的普通混凝土试件，拆模后标准养护至28 d龄期，测得试件破坏荷载分别为320，300和280 kN。试计算该组混凝土试件的抗压强度代表值。

（7）成型3个100 mm×100 mm×100 mm的普通混凝土试件，拆模后标准养护至28 d龄期，测得试件破坏荷载分别为360，300和280 kN。试计算该混凝土的抗压强度。

四、简答题

（1）现场浇注混凝土时，严禁施工人员随意向新拌混凝土中加水，试从理论上分析加水对混凝土质量的危害。它与混凝土成型后的洒水养护有无矛盾？为什么？

（2）干燥收缩变形会引起混凝土表面开裂，导致混凝土耐久性降低，当下列影响因素变化时，混凝土的干燥收缩率将如何变化？为什么？

①混凝土中水泥浆含量增加。

②水泥细度增加。

③集料弹性模量增大。

④混凝土单位用水量增加。

（3）测试混凝土试件抗压强度时，在下述情况下，抗压强度测试值将如何变化？为什么？

①试件尺寸加大。

②试件高宽比加大。

③试件受压表面加润滑剂。

④试件位置偏离支座中心。

⑤加荷速度加快。

（4）配制混凝土时掺入减水剂，在下列各条件下可取得什么效果？为什么？

①用水量不变时。

②减水，但水泥用量不变时。

③减水又减水泥，但水灰比不变。

(5)混凝土和易性包括哪些内容？影响混凝土和易性的主要因素有哪些？

(6)影响混凝土强度的主要因素有哪些？提高混凝土强度的主要措施有哪些？

(7)什么是水泥和外加剂的相容性？水泥与外加剂相容性好的表现主要是什么？

(8)影响水泥与外加剂相容性的因素主要有哪些？

(9)当下列影响因素变化时，混凝土徐变将如何变化？为什么？

①加荷时，环境湿度降低。

②加荷时，混凝土龄期变短。

③水灰比增大。

④水泥掺量和用水量不变而粗集料用量降低。

⑤采用高弹性模量的粗集料。

(10)混凝土配合比设计的基本要求有哪些？

(11)什么是碱—集料反应？引起碱—集料反应的必要条件是什么？如何防止？

(12)什么是混凝土碳化？碳化对混凝土性能和钢筋性能有哪些影响？

(13)普通混凝土的基本组成材料有哪些？各自在混凝土中起什么作用？

(14)水泥混凝土常见的耐久性问题有哪些？提高混凝土耐久性应采取哪些主要措施？

五、讨论题

(1)混凝土的耐久性与其力学性能指标(例如抗压强度)是否具有线性相关性？

(2)高强混凝土、高性能混凝土和超高性能混凝土有何差异？

5 建筑砂浆

❖ 本章导读

建筑砂浆主要用于围护墙体的砌筑和抹面,随着预拌砂浆和专用砂浆的广泛应用,配合比设计与制备技术更加复杂和专业化的高性能建筑砂浆逐渐取代了原有的普通水泥砂浆或混合砂浆,因此,已不能简单地将建筑砂浆视为没有粗集料的混凝土。本章的重点是掌握建筑砂浆(包括预拌砂浆)的性能特点和技术要求,了解砂浆组成材料和外加剂影响建筑砂浆物理力学性能的规律。

➢ 知识目标

(1)熟悉建筑砂浆的分类。
(2)掌握建筑砂浆的组成材料和主要技术性质。
(3)熟悉砌筑砂浆和抹面砂浆的技术要求。
(4)熟悉预拌砂浆的性能特点和技术要求。

➢ 技能目标

(1)能够正确计算砌筑砂浆和抹面砂浆的配合比。
(2)了解砌筑砂浆和抹灰砂浆的施工技术。
(3)能够合理选用建筑砂浆。

➤ 重点难点释疑

5.1 建筑砂浆概述

◇1)建筑砂浆的发展趋势

建筑砂浆是由无机胶凝材料、细集料、掺合料、水以及根据性能确定的各种组分按适当比例配合、拌制并经硬化而成的工程材料。建筑砂浆的应用历史非常悠久,我国南北朝时期就已经采用糯米石灰浆砌筑房屋和城墙。随着水泥工业和建筑行业的发展,各种类型的以水泥为主要胶凝材料的砂浆不断涌现。建筑砂浆用量大,用途广泛,主要用于砌筑墙体材料、墙体抹面以及修补和装饰等工程。

新建建筑已经很少采用砌体结构,因此,砌筑砂浆主要用于砌筑围护墙体(如框架结构的填充墙),已经很少作为结构材料使用。此外,由于保护环境的要求和砂浆外加剂的涌现,建筑工程中几乎已经不再使用水泥石灰砂浆(混合砂浆)和石灰砂浆。随着建筑行业的快速发展,现场搅拌砂浆的方式已经不能适应环境保护要求和施工技术要求,很多城市已经禁止在施工现场搅拌砂浆,而要求使用预拌砂浆。同时,由于专业分工以及绿色墙体材料的大量应用,各种专用砌筑砂浆和专用抹面砂浆也开始大量应用,如蒸压加气混凝土砌块专用砂浆、石膏砌块专用砂浆。

●2)建筑砂浆的组成材料

建筑砂浆主要用通用硅酸盐水泥制备,如普通硅酸盐水泥、复合硅酸盐水泥,还有专用的砌筑水泥。建筑砂浆的强度等级通常较低,不需要采用高强度等级的水泥,而且为了保证建筑砂浆和易性,水泥用量不能过低,因此,制备建筑砂浆宜采用低强度等级的水泥,如32.5级。

制备建筑砂浆时还可以掺加适量的掺合料和外加剂,随着外加剂研究与生产水平的快速提升,各种类型的砂浆专用外加剂(如塑化剂、增稠剂、保水剂、引气剂)已经被广泛应用,使得建筑砂浆朝着高性能方向发展。建筑砂浆类型众多,如何掌握不同类型的建筑砂浆的制备方法和技术性能特点成为学习建筑砂浆的难点。

◇3)砌筑水泥

砌筑水泥是由活性混合材或其他改性材料,加入适量硅酸盐水泥熟料和石膏,磨细制成主要用于配制砌筑砂浆和抹面砂浆的低强度水泥,代号为 M。根据《砌筑水泥》(GB/T 3183—2017),砌筑水泥按其 28 d 抗压强度分为 12.5,22.5 和 32.5 3 个强度等级。砌筑水泥强度等级低,说明制备建筑砂浆通常不需要强度等级高的水泥。

●4)建筑砂浆和易性

建筑砂浆和易性类似于混凝土和易性,应保证建筑砂浆在使用过程中具有良好的和易性,包括流动性和保水性。砂浆的流动性又称为稠度,稠度以砂浆稠度测定仪的圆锥体沉入砂浆内的深度(单位为 mm)表示。稠度值越大,表明砂浆的流动性越大;若流动性过大,砂浆易分层、离析和泌水;若流动性过小,则不便施工操作,灰缝不宜填满。砂浆保水性指新拌砂浆保持水分的能力,保水性可用分层度或保水率表示。

在配制建筑砂浆时,砂浆稠度需要和墙体材料类型以及使用环境相适应,并不是稠度越大越好。例如,砌筑吸水率高的蒸压加气混凝土砌块时,砂浆应具有较大的稠度和较高的保水性,而砌筑吸水率较低的混凝土砌块时,应选择较小稠度的砂浆。掺加塑化剂和增稠剂等外加剂可以显著地改善砂浆和易性。

●5)砂浆强度等级

按照《建筑用砌筑和抹灰干混砂浆》(JG/T 291—2011)的规定,砌筑干混砂浆的强度等级分别为 DM2.5,DM5,DM7.5,DM10,DM15,DM20,DM25,DM30;抹灰干混砂浆的强度等级分为 DP2.5,DP5,DP7.5,DP10,DP15。

需要注意的是,《建筑用砌筑和抹灰干混砂浆》(JG/T 291—2011)规定,建筑砂浆强度等级采用 70.7 mm × 70.7 mm × 70.7 mm 的带底试模成型砂浆试件,而《砌体结构设计规范》(GB 50003—2011)第 3.1.3 条规定:确定砂浆强度等级时应采用同类块体为砂浆强度试块底模。例如,确定烧结普通砖砌筑砂浆的强度等级时,砂浆试块底模应采用烧结普通砖。

上述两个规范规定成型砂浆试件时的条件存在差异,以墙体材料作为底模时,墙体材料会吸收砂浆中的部分水分,因此,带底模和不带底模对砂浆强度有显著影响。如果砂浆水灰比高,墙体材料含水率低,砂浆中的部分水分被墙体材料吸收后,砂浆的抗压强度会显著增大;砂浆保水性太差时,砂浆中的水分被块体底模过量吸收,也可能导致砂浆抗压强度降低。采用同类块体作为砂浆强度试块底模时,砂浆强度与砂浆水灰比、保水性以及块体底模含水率和吸水率等因素有关。采用同类块体为砂浆强度试块底模成型砂浆试件并用于测试砂浆抗压强度时,强度数据可能存在较大的波动。建议参照《建筑砂浆基本性能试验方法标准》(JGJ/T 70—2009)第 9.0.2 条,采用 70.7 mm × 70.7 mm × 70.7 mm 的不吸水带底试模试件来确定砂浆抗压强度和强度等级。

◇6)砂浆黏结强度

不论是砌筑砂浆还是抹灰砂浆,都需要考虑砂浆与墙体材料的黏结强度。砂浆黏结强度可通过拉伸试验确定。普通建筑砂浆和墙体材料的拉伸黏结强度通常不足 0.5 MPa,黏结强度低容易导致抹面砂浆空鼓。实际应用时,砂浆与墙体材料的黏结强度受墙体材料的含水率和表面粗糙度以及砂浆水灰比和保水性等因素的影响。因此,配制砂浆时需根据墙体材料的含水状态、吸水状态和环境温湿度等条件确定砂浆的稠度和保水性指标。

◇7)砂浆干燥收缩

砂浆不掺加粗集料,且水灰比较大,因此其干燥收缩值也比混凝土大,普通水泥砂浆的 28 d龄期干燥收缩值可以达到 1.5 mm/m,甚至 2.0 mm/m。干燥收缩值大是抹面砂浆空鼓和开裂的重要原因,因此,需要提高砂浆保水性,降低砂浆水胶比。同时,砂浆性能需要和墙体材料的含水状态匹配,应尽可能采用与墙体材料性能匹配的专用砌筑砂浆和抹灰砂浆。

5.2 砌筑砂浆和抹面砂浆

●1）砂浆强度等级选择

选择砌筑砂浆强度等级时，需要考虑墙体材料的类型和荷载等条件。《砌体结构设计规范》（GB 50003—2011）第3.1.3条规定，烧结普通砖、烧结多孔砖等普通砖砌体采用的砌筑砂浆的强度等级为M2.5，M5，M7.5，M10，M15；混凝土普通砖、混凝土多孔砖、混凝土砌块砌体采用的砂浆强度等级为Mb5，Mb7.5，Mb10，Mb15。提高墙体材料强度等级比提高砂浆强度等级更有利于提高砌体抗压强度设计值，因此，砌筑砂浆的强度等级很少超过M10。

●2）砂浆配合比设计

砌筑砂浆主要用于砌筑填充墙等非承重结构墙体，对砌筑砂浆的力学性能要求也较低，此外，随着预拌砂浆的推广应用，现场搅拌砂浆逐渐减少。因此，在施工现场很少需要计算砂浆配合比。但是，对于施工技术人员而言，熟悉砂浆配合比计算方法依然有必要。

不论是现场搅拌砂浆还是预拌砂浆，砂浆性能需要与墙体材料的性能和使用环境相匹配，砂浆性能波动与其配合比密切相关，熟悉砂浆配合比设计方法和影响砂浆性能的因素，有助于更好地判断砂浆性能波动的原因和控制砂浆质量。

◇3）砂浆施工应用

砂浆主要用于砌筑非承重墙体，如果施工人员对建筑砂浆的性能缺乏足够的重视，就将导致填充墙开裂和抹灰砂浆开裂、空鼓等质量通病长期存在。砂浆的物理力学性能差、砂浆性能不满足施工要求或者砂浆性能与墙体材料性能不匹配是产生质量通病的主要原因。解决砂浆施工过程中存在的质量通病，不仅需要制定适宜的施工方案和制备性能良好的砂浆，还需要砂浆的性能与墙体材料的性能相匹配，施工技术也应符合规范要求。

5.3 预拌砂浆

◇1）预拌砂浆的分类

预拌砂浆具有质量稳定、性能优良、节能环保等优点，我国很多城市在大力推广预拌砂浆。预拌砂浆的类型众多，按照其含水状态可分为干混砂浆和湿拌砂浆；按照其用途可分为砌筑砂浆和抹灰砂浆等。

◇2）干混砂浆

干混砂浆通常为袋装形式，在工厂拌和均匀后封装，现场直接加水（或掺加水和外加剂）搅拌后使用。由于现场加水计量不准确，搅拌时间人为控制，因此干混砂浆在应用过程中达不到预期性能。但是，干混砂浆使用简单且类型丰富，砌筑和抹灰工程、装饰工程和保温工程等诸多施工过程中依然广泛使用干混砂浆。

◇3）湿拌砂浆

湿拌砂浆通常由混凝土搅拌站生产，采用搅拌运输车运输到施工现场，泵入砂浆罐中，随用随取。湿拌砂浆具有触变性,静置状态下可以长时间不凝结,湿拌砂浆凝结时间通常可以超过 24 h,使用时只需要简单拌和即可。因此,湿拌砂浆适用于规模较大的工程。

◆ 本章习题

一、单项选择题

(1)建筑砂浆的流动性是指砂浆在自重或外力作用下流动的性能,用(　　)表示。

A. 流动性　　B. 坍落度　　C. 稠度　　D. 和易性

(2)用于配制砌筑砂浆的石灰膏应在储灰池中熟化,熟化时间不应少于(　　)。

A. 3 d　　B. 7 d　　C. 15 d　　D. 30 d

(3)用于配制砌筑砂浆的磨细生石灰粉的熟化时间不应少于(　　)。

A. 2 d　　B. 3 d　　C. 7 d　　D. 15 d

(4)砌筑砂浆的保水性可以用保水率表示,要求砌筑水泥砂浆的保水率不小于(　　)。

A. 80%　　B. 84%　　C. 88%　　D. 90%

(5)根据砌筑砂浆配合比设计规程,(　　)和试配抗压强度 3 项技术指标是砌筑砂浆必检项目。

A. 稠度、保水率　　B. 稠度、吸水率

C. 稠度、扩展度　　D. 扩展度、保水率

(6)砌筑烧结普通砖砌体时,砌筑砂浆的稠度宜为(　　)。

A. 30 ~ 50 mm　　B. 40 ~ 60 mm　　C. 50 ~ 70 mm　　D. 70 ~ 90 mm

(7)影响砌筑砂浆流动性的因素较多,其中最主要的影响因素是(　　)。

A. 水泥用量　　B. 砂的细度模数　　C. 用水量　　D. 搅拌时间

(8)用于砌筑普通页岩砖砌体的砂浆,砂的最大粒径不宜大于(　　)。

A. 2.0 mm　　B. 2.5 mm　　C. 3.0 mm　　D. 1.6 mm

(9)抹灰砂浆宜用中砂,不得含有有害杂质,砂的含泥量不应超过(　　)。

A. 3.0%　　B. 5.0%　　C. 7.0%　　D. 10.0%

(10)根据《砌筑砂浆配合比设计规程》(JGJ/T 98—2011)规定,砌筑砂浆的强度保证率为(　　)。

A. 75% ~80%　　B. 80% ~85%　　C. 85% ~90%　　D. 90% ~95%

(11)计算砌筑砂浆配合比时,砂浆生产质量一般,则砂浆生产质量系数 k 取值为(　　)。

A. 1.10　　B. 1.15　　C. 1.20　　D. 1.25

(12)根据预拌砂浆标准,预拌砌筑砂浆的保水率应不小于(　　)。

A. 80%　　B. 84%　　C. 88%　　D. 90%

二、判断题

(1)水泥混合砂浆可用于砌筑处于潮湿环境的房屋基础工程。(　　)

(2)用通用硅酸盐水泥配制抹灰砂浆时,可以掺入消石灰粉。(　　)

(3)用砌筑水泥制备抹灰砂浆时,不得再掺入粉煤灰等矿物掺合料。(　　)

(4)配制 M15 以上强度等级高的砌筑砂浆应选用 52.5 级的通用硅酸盐水泥。(　　)

(5)水泥砂浆中掺入石灰膏可以起到节约水泥并提高砂浆强度的作用。(　　)

(6)配制砂浆时严禁使用脱水硬化的石灰膏。(　　)

(7)建筑物的外墙不宜用水泥混合砂浆作为抹面砂浆。 ( )

(8)配制 M15 以下强度等级的砌筑砂浆应优先选用 42.5 级的通用硅酸盐水泥。( )

(9)水泥防水砂浆适用于防水要求较低的工程。 ( )

(10)聚合物水泥砂浆防水层属于刚性防水。 ( )

(11)水玻璃可以和硅酸钠作为胶结材料配制耐酸砂浆。 ( )

6

墙体与屋面材料

❖ 本章导读

本章主要介绍常用墙体材料和屋面材料的基本概念和共性特点，应在掌握其共性特点的基础上，掌握墙体材料和屋面材料的技术性能。墙体材料和屋面材料类型众多，要掌握诸多墙体材料和屋面材料的技术性能指标存在较大困难，建议重点学习主要的技术性能，如墙体材料的强度等级、泛霜、抗风化性能、耐水性能和热工性能等。

➢ 知识目标

(1)熟悉烧结砖的种类、技术性质和应用特点。

(2)掌握建筑砌块的种类、技术性质。

(3)熟悉建筑砌块的应用技术要求。

(4)了解建筑墙板的种类和应用特点。

(5)了解屋面材料的种类和应用特点。

➢ 技能目标

(1)能够根据工程应用特点合理选用砌墙砖和砌块。

(2)能够根据工程实际合理选用墙用板材和屋面材料。

➢ 重点难点释疑

◇1)新型墙体材料

新型墙体材料是指发展非黏土、节能、利废、改善建筑功能、减少环境污染和原材料采掘不破坏生态环境的各类墙体材料。新型墙体材料是一个较为宽泛的概念,既包括对新墙体材料产品质量和性能提出的要求,也包括对产品原材料提出的要求。为了实现建筑节能、节地、节水、节材和保护环境的可持续发展目标,需要大力推广包括新型墙体材料在内的新型建筑材料,以满足建筑行业发展与变革的要求。

与新型墙体材料对应的是传统的烧结普通黏土砖。烧结普通黏土砖原材料取材方便,生产工艺简单,不仅具有较高的强度和耐久性,还具有隔声和价格低廉等优点,因此被广泛应用。但是制备烧结普通黏土砖不仅消耗大量黏土资源,毁坏农田,污染环境,还存在自重大、能耗高、尺寸小、施工效率低、抗震性能差和保温隔热性能差等缺点。

为了保护环境、保护耕地、加快墙体材料革新,2000 年 6 月 14 日,《关于公布"在住宅建设中逐步限时禁止使用实心黏土砖"大中城市名单的通知》正式发布,包括 4 个直辖市在内的 160 个城市被列入了第一批限时禁止使用实心黏土砖的大中城市名单。目前,国内大中城市均已经禁止使用实心黏土砖。

◇2)绿色建筑材料

绿色建筑材料是指采用清洁生产技术,不用或少用天然资源和能源,大量使用工农业或城市固态废弃物生产的无毒害、无污染、无放射性,达到使用期限后可回收利用,有利于环境保护和人体健康的建筑材料。绿色建筑材料的定义围绕原料采用、产品制造、使用和废弃物处理 4 个环节,实现全寿命周期内可减少对天然资源消耗和减轻对生态环境的影响,具有"节能、减排、安全、环保和可循环"的特征。

需要注意的是,新型墙体材料并不等同于绿色墙体材料。评价一种新型墙体材料是否是绿色墙体材料不仅应从"四节一环保"这一基本原则出发,还需要根据绿色建筑材料评价标准判断其是否是真正的绿色墙体材料,可以说绿色墙体材料的技术性能要求更高。《绿色建材评价技术导则(试行)》的颁布以及《绿色建材评价标准》(征求意见稿)的发布为新型绿色墙体材料的发展和应用建立了更加明确的评价指标体系。

6.1 烧结砖

●1)烧结普通砖

秦砖汉瓦是中国传统建筑材料的代名词,象征着中国传统古建筑的辉煌。烧结黏土砖的生产和使用历史已经超过两千年,作为传统建筑材料,烧结黏土砖至今还被用于建造低层或多层建筑,而且仿古建筑或古建筑修缮也需要使用烧结黏土砖(如青砖)。

烧结普通砖主要用于低矮建筑,其强度等级通常为 MU10,高强度等级的烧结普通砖已经很少生产。为了保护环境和耕地,烧结黏土制品的应用受到了诸多限制,为了降低原材料耗用量,烧结普通砖(实心砖)也不完全是无孔洞的,孔洞率不大于 25% 的烧结普通砖都属于实心砖。"禁实"工作开展初期主要是禁止使用烧结实心黏土砖,但随着"禁实"工作的深入开展,很多城市已经限制甚至禁止使用烧结普通砖或烧结黏土制品,取而代之的是各种类型的绿色墙体材料。

●2)红砖和青砖

烧结黏土砖根据颜色分为红砖和青砖,红砖目前在村镇建筑中仍然大量应用,而青砖则多用于修建仿古建筑和修缮古建筑。烧结黏土砖烧制过程中，砖坯在氧化气氛中焙烧并出窑，其含有的铁氧化物为三氧化二铁，呈红色，故称为红砖。如果砖坯在氧化气氛中焙烧，然后再浇水闷窑，使窑内形成还原气氛，砖内的三氧化二铁就会被还原成氧化亚铁，呈青色，故称为青砖。与红砖相比，青砖强度高，耐久性好，价格也更高，目前保存较好的古建筑和古代城墙大多用青砖砌筑。

●3）烧结空心砖和烧结多孔砖

墙体厚度相同时，采用烧结空心砖和多孔砖代替孔洞率小于25%的烧结普通砖可以降低墙体自重25%～50%，提高砌筑效率40%以上，节约黏土14%～40%，节约燃料10%～20%，因此不仅可以节约资源，还可以改善墙体热工性能，降低建筑能耗。两者的差异主要是孔洞率和孔的形式。烧结空心砖的孔洞率不小于40%，烧结多孔砖的孔洞率不小于28%；烧结多孔砖的砖孔尺寸小而数量多，多为竖孔，烧结空心砖的砖孔尺寸大而数量少，多为水平孔；烧结多孔砖可用于承重部位，而烧结空心砖用于非承重部位。

●4）烧结多孔砌块和烧结空心砌块

砌块和砖的区别主要在于尺寸，而不是孔洞率。烧结多孔砌块的孔洞率不小于33%，烧结空心砌块的孔洞率不小于40%。烧结砌块孔洞的孔径小、数量多，能改善砌块的热工性能。烧结砌块制品主要用于砌筑填充墙。

●5）抗风化性能

烧结黏土砖的应用历史证明其具有优异的耐久性，但是，在严重风化区，烧结砖依然面临着侵蚀问题，表现为砖表面逐渐剥落，砖体强度降低。抗风化性能是指烧结普通砖在干湿交替、温度变化、冻融循环等物理因素作用下不被破坏并长期保持原有性能的能力，是表征烧结普通砖和其他烧结砖制品耐久性的重要指标。

◇6）泛霜

烧结普通砖的焙烧温度通常为950～1 050 ℃，这个温度范围低于很多易溶盐的熔点，无法形成稳定的矿物。因此，很多易溶盐在烧结普通砖中仍然以简单的盐类形式存在，如硫酸钠和硫酸钾等硫酸盐。烧结普通砖中的可溶盐或易溶盐遇水快速溶解，当水分失去后，又以晶体的形式从砖体的毛细孔中析出，表现为砖体表面泛霜。

泛霜是指砖含有的可溶性盐类（如 Na_2SO_4）在使用过程中随砖内水分蒸发而在砖表面析出的现象，通常呈白色粉末、絮团或絮片状。泛霜不仅影响建筑物的外观，而且盐析结晶膨胀也会导致砖表层酥松，甚至剥落。泛霜还会破坏砖与砂浆间的黏结，造成粉刷层剥落。泛霜严重时，甚至会对建筑结构造成严重破坏。泛霜不仅在烧结普通砖砌体中出现，在其他的建筑制品中也常见，如粉煤灰砖和混凝土砖。抑制或消除建筑制品泛霜有利于促进新型墙体材料的应用和提高其耐久性。

6.2 建筑砌块

◇1）建筑砌块分类

按照制备工艺的主要特征，建筑砌块可以分为烧结砌块、蒸养砌块、蒸压砌块、免烧免蒸砌块。免烧免蒸制品可以显著降低生产能耗和生产成本,还可以大量利用工业固体废弃物,但是除了压制成型的混凝土砌块和混凝土砖,其他类型的免烧免蒸砌块和免烧免蒸砖,由于存在干燥收缩大和泛霜等质量问题,应用已经受到了极大的限制,甚至被禁止使用。

建筑砌块按照尺寸可以分为大型砌块、中型砌块和小型砌块,目前大量生产和使用的主要是小型砌块。按照孔洞率,建筑砌块可以分为实心砌块和空心砌块。按照原材料分类,建筑砌块可以分为普通混凝土砌块、粉煤灰混凝土砌块、轻集料混凝土砌块、泡沫混凝土砌块和石膏砌块等。建筑砌块类型众多,但是目前应用最广泛的是蒸压加气混凝土砌块、普通混凝土砌块和烧结空心砌块。

●2)蒸压加气混凝土(AAC)

蒸压加气混凝土采用高压蒸汽养护,蒸养温度为 180 ~ 190 ℃,压力为 1.2 ~ 1.3 MPa,生成的主要产物是托贝莫来石。蒸压加气混凝土产品形式主要包括砌块和板。

蒸压加气混凝土(加气混凝土)最先出现于捷克,1889 年,霍夫曼(Hofman)取得了制造蒸压加气混凝土的专利。1919 年,德国人格罗沙海(Grosahe)用金属粉末作发气剂制备加气混凝土。1923 年,瑞典人埃克森(Eriksson)掌握了以铝粉为发气剂的生产技术并取得了专利。我国早在 20 世纪 30 年代就有了生产和使用加气混凝土的记录:上海平凉路桥边,建成一座小型蒸压加气混凝土厂,产品用于现国毛六厂的几幢单层厂房和上海大厦、国际饭店、锦江饭店、新城大厦等高层建筑的内隔墙,并一直沿用至今。

加气混凝土通常特指蒸压加气混凝土,采用蒸汽养护生产的泡沫混凝土也常被误认为是加气混凝土。泡沫混凝土不属于加气混凝土,水泥基的泡沫混凝土其水化产物主要是水化硅酸钙,而加气混凝土经过蒸压养护后主要产物是托贝莫来石。采用发泡方式制备泡沫混凝土砌块时,如果不采用蒸汽养护,其干燥收缩较大,吸水率高,尺寸稳定性较差,不宜用于砌筑墙体,即使是非承重墙体也不宜使用。

◇3)石膏砌块

石膏砌块主要采用工业副产建筑石膏生产,如磷建筑石膏和脱硫建筑石膏。石膏砌块具有轻质、保温、防火和可再生利用等特点,但是石膏制品耐水性和耐高温性能较差,不宜用于长期潮湿或高温环境,极大地限制了石膏砌块的工程应用。砌筑石膏砌块墙体不宜采用水泥砂浆作为砌筑或抹面砂浆,应采用专用的石膏砂浆,否则会出现空鼓开裂等质量问题。此外,经过防潮处理的石膏砌块,其表面和砂浆的黏结强度较差,需要使用界面处理剂等材料增强砂浆和砌块的黏结强度。

◇4)砌块出厂时的相对含水率要求

《普通混凝土小型砌块》(GB/T 8239—2014)和《轻集料混凝土小型空心砌块》(GB/T 15229—2011)对两种砌块出厂时的相对含水率提出了明确的要求,见表 6.1。相对含水率是指砌块出厂时的含水率与其饱和吸水率的比值,出厂时相对含水率的数值取决于使用地区的相对湿度和砌块自身的干燥收缩率。干燥收缩值大和相对湿度低时,砌块出厂时的相对含水率也相应降低,规定相对含水率的主要目的是降低砌块砌筑后的干燥收缩变形,从而有效地缓解砌块墙体的裂缝问题,提高砌块墙体施工质量。

砌筑蒸压加气混凝土砌块等建筑砌块时也有类似的关于含水率的要求,这主要是考虑到砌块的干燥收缩值相对较大,如果砌筑时砌块含水率较高,则容易导致墙体因砌块干燥收缩变形而产生裂缝，故提出砌块的相对含水率要求。

表 6.1 砌块相对含水率要求

干燥收缩率/%	相对含水率 W/%		
	潮湿地区	中等湿度地区	干燥地区
< 0.03	≤45	≤40	≤35
≥0.030，≤0.045	≤40	≤35	≤30

注：①相对含水率为砌块出厂含水率与吸水率之比，即

$$W=(\omega_1/\omega_2)\times 100\%$$

式中 W——砌块的相对含水率，%；

ω_1——砌块的出厂含水率，%；

ω_2——砌块的吸水率，%。

②使用地区的湿度条件：

潮湿地区——年平均相对湿度大于75%的地区；

中等地区——年平均相对湿度为50%～75%的地区；

干燥地区——年平均相对湿度小于50%的地区。

◇5）混凝土砌块要明确规定养护龄期的原因

《混凝土小型空心砌块建筑技术规程》（JGJ/T 14—2011）第8.1.1条明确规定，小型砌块在厂内的自然养护龄期或蒸汽养护后的停放时间应确保28 d。轻集料小砌块的厂内自然养护龄期宜延长至45 d。该条规定的目的主要是保证砌块出厂和砌筑时的相对含水率符合标准要求，确保砌块的干燥收缩在砌筑前已经基本完成，从而有效缓解砌块墙体的裂缝问题，提高砌块墙体施工质量。

6.3 建筑墙板

建筑墙板类型众多，与砖和砌块相比，墙板的施工效率更高，也有助于减少现场湿作业。装配式建筑的快速发展也促进了建筑墙板的大规模生产与应用。

◇1）石膏板

石膏板主要用于建筑装饰工程，用于房屋内隔墙、吊顶和墙面装饰等。2019年，我国石膏板产能约为46亿 m^2，石膏板产销量约为33.2亿 m^2（产能利用率约为72%）。其中最主要的产品是纸面石膏板（防火等级为B1级），约占石膏板产品总产量的80%。

◇2）蒸压加气混凝土板

蒸压加气混凝土板（AAC-S板）内部配置了经过防腐处理的钢丝网片，可用于建筑内隔墙、外墙、楼板以及屋面板。常见的蒸压加气混凝土板的宽度为600 mm，厚度为100 mm，板的长度可以根据建筑设计要求在工厂内切割，以便减少现场切割。根据《蒸压加气混凝土板》（GB/T 15762—2020），蒸压加气混凝土板按抗压强度分为A2.5，A3.5，A5.0这3个强度等级，其中屋面板和楼板的强度等级不低于A3.5，外墙板和隔墙板的强度等级不低于A2.5。

◇3) **预应力混凝土空心墙板**

为了满足装配式建筑发展和建筑工业化的需求,装配式混凝土墙板也开始大量应用。装配式混凝土墙板中的钢筋可以采用预应力张拉方式,不仅可以减少用钢量,也有助于防止混凝土开裂。预应力混凝土空心墙板自重依然较大,掺加高强陶粒可以降低混凝土空心墙板的自重。

6.4 屋面材料

除了满足防水和保温隔热等基本功能外,功能化和多元化成为屋面材料的发展趋势。随着"禁实"工作的顺利开展,加之城市建筑更多为高层建筑,烧结黏土砖的生产和应用也显著减少。目前常用的砖主要用高分子复合材料、水泥基复合材料和金属制作。随着绿色建筑技术的快速发展,屋面材料朝集成化和多功能化发展,太阳能屋顶等新型屋面体系蓬勃发展,也为屋面材料贴上了高科技标签。

◆ 本章习题

一、单项选择题

(1)使用过程中砖含有的可溶盐(如硫酸钠)随水分蒸发在砖表面析出的现象,称为(　　)。

A. 析晶　　B. 泛霜　　C. 泛碱　　D. 风化

(2)墙体材料的品种主要有砖、砌块和(　　)3 大类。

A. 实心砖　　B. 空心砖　　C. 板材　　D. 空心砌块

(3)砌墙砖按有无孔洞和孔洞率大小分为实心砖、空心砖和(　　)3 种。

A. 开孔砖　　B. 闭孔砖　　C. 烧结砖　　D. 多孔砖

(4)砌墙砖按生产制造工艺不同分为(　　)、蒸养砖、蒸压砖和免烧免蒸砖。

A. 烧结砖　　B. 加气砖　　C. 灰砂砖　　D. 压制砖

(5)根据砖样的抗压强度平均值以及(　　),烧结普通砖可以分为 MU30,MU25,MU20,MU15,MU10 等 5 个强度等级。

A. 单块最小抗压强度值或强度标准值

B. 单块最大抗压强度值或变异系数

C. 单块最大抗压强度值或强度标准差

D. 单块最大抗压强度值和单块最小抗压强度值

(6)实心砖又称为普通砖,其孔洞率小于(　　)。

A. 15%　　B. 20%　　C. 25%　　D. 30%

(7)根据《烧结多孔砖和多孔砌块》(GB 13544—2011),烧结多孔砖的孔洞率应不小于(　　)。

A. 20%　　B. 25%　　C. 28%　　D. 30%

(8)根据《烧结空心砖和空心砌块》(GB 13545—2011),烧结空心砖的孔洞率应不小于(　　)。

A. 20%　　B. 30%　　C. 40%　　D. 45%

(9)根据《烧结多孔砖和多孔砌块》(GB 13544—2011),烧结多孔砌块的孔洞率应不小于(　　)。

A. 25%　　B. 30%　　C. 33%　　D. 35%

(10)砖坯在(　　)条件下焙烧并出窑时,生产出红砖。

A. 碳化气氛　　B. 氧化气氛　　C. 高温烧结　　D. 还原气氛

(11)达到红砖烧结温度后浇水闷窑,使窑内形成(　　)气氛,制得青砖。

A. 碳化　　B. 氧化　　C. 还原　　D. 蒸压

(12)屋面材料主要起(　　)、保温隔热、防渗漏等作用。

A. 承重　　B. 防水　　C. 遮阳　　D. 围护

(13)蒸养砖、蒸压砖可用于工业与民用建筑的墙体和基础,不得用于长期受热(200 ℃以上)以及(　　)侵蚀的建筑部位。

A. 急冷急热和酸性介质　　B. 潮湿和酸性介质

C. 高温和酸性介质　　D. 碱性或酸性介质

(14)屋面防水的做法可分为(　　)两种防水方式。

A. 刚性、柔性　　B. 卷材、砂浆　　C. 沥青、卷材　　D. 有机、无机

(15)根据《蒸压加气混凝土砌块》(GB/T 11968—2020),采用标准法时,蒸压加气混凝土的干燥收缩值应不大于(　　)

A. 1.0 mm/m　　B. 0.8 mm/m　　C. 0.5 mm/m　　D. 0.3 mm/m

二、判断题

(1)烧结多孔砌块孔洞率高,不能用于砌筑承重结构。　　(　　)

(2)烧结的青砖制品耐久性比红砖好。　　(　　)

(3)建筑石膏是无机胶凝材料,不燃烧,因此纸面石膏板的防火等级是 A 级。　　(　　)

(4)蒸压加气混凝土不含大孔,因此其吸水率很低。　　(　　)

(5)烧结多孔砖不宜用于建筑物的基础、地面以下部位。　　(　　)

三、简答题

(1)为什么欠火砖、螺旋纹砖和酥砖不能用于工程?

(2)何为烧结普通砖会泛霜和石灰爆裂?它们对砌筑工程有何不利影响?

(3)某工地露天堆放了一批烧结普通砖,尚未砌筑施工就发现这批砖自行裂成碎块,试解释产生这种现象的原因。这批砖能否用于砌筑工程?

建筑钢材

❖ 本章导读

建筑钢材是重要的结构材料，建筑钢材的概念和物理力学性能是土木工程材料课程的重要内容。本章的核心知识点是建筑钢材的力学性能和工艺性能，但只有理解了建筑钢材拉伸试验所得的应力—应变曲线的基本概念，才能掌握建筑钢材的物理力学性能，并在此基础上熟悉建筑钢材所含元素对其力学性能和工艺性能的影响，从而掌握建筑钢材的应用技术要求。

➢ 知识目标

(1)熟悉建筑钢材的概念、特点及其分类。

(2)掌握建筑钢材的力学性能和工艺性能。

(3)理解建筑钢材拉伸试验所得的应力—应变曲线。

(4)理解化学成分对钢材力学性能和工艺性能的影响。

(5)掌握钢结构用钢、钢筋混凝土结构用钢的技术性质和应用要求。

➢ 技能目标

(1)能够根据工程应用要求合理选用建筑钢材。

(2)掌握建筑钢筋的力学性能检测方法。

➢ 重点难点释疑

7.1 建筑钢材的基本知识

●1）建筑钢材的优点和缺点

2020 年，我国的生铁、粗钢和钢材产量分别为 8.88 亿 t、10.53 亿吨和 13.25 亿 t，其中钢筋的产量为 2.664 亿 t。建筑钢材类型众多，其主要优点是强度高、塑性和韧性好，其主要缺点是防腐蚀性能和防火性能差。钢材不燃烧，为什么其防火性能差呢？

未经防火处理的建筑钢材的防火极限仅为 15 min，甚至低于普通的木材和石膏板等材料。建筑钢材导热系数大（常温环境下，建筑钢材的导热系数与钢材种类有关，Q345 碳素钢的导热系数为 48 $W \cdot m^{-1} \cdot K^{-1}$），遇火后钢材温度快速上升，在高温状态下，钢材的力学性能会快速降低，通常认为钢材在 538 ℃时会失去承载能力，因此钢材的防火性能差。尽管木材可以燃烧，但是木材导热系数比钢材小得多，遇火后木材表面燃烧形成的碳化层和燃烧过程中释放出来的 CO_2 都可以延缓火焰蔓延，因此，木材的防火性能比未经防火处理的钢材好。

●2）建筑钢材的分类

钢材按照化学成分可以分为碳素钢和合金钢。碳素钢根据含碳量分为低碳钢（含碳量小于 0.25%）、中碳钢（含碳量 0.25% ~0.6%）、高碳钢（含碳量大于 0.6%）。含碳量小于 0.8% 时（也有教材给出的是 0.9%），随着含碳量增加，碳素钢的强度提高，塑性和韧性降低；含碳量大于 1.0% 时，碳素钢的强度、塑性和韧性均降低；含碳量大于 2.06% 时，称为生铁（包括炼钢生铁、铸造生铁和球墨铸铁）。建筑钢材主要是含碳量小于 0.25% 的低碳钢与合金元素含量小于 5% 的低合金钢。

●3）建筑钢材的化学成分

钢的主要成分是铁，此外还含有碳、硅、硫、磷、氧、氮、氢等非金属元素以及锰、镍、铬、铝、钒、钛、钼、铌等金属元素。此外，一些稀土金属元素也被加入钢材中用于制备特殊钢。

建筑钢材的力学性能和焊接性能等技术指标与其化学成分密切相关，钢材中的有害元素主要是氧、硫、氮和磷，4 种元素的含量超标都会导致钢材的焊接性能降低，氧和硫含量超标会加剧钢材的热脆性，而氮和磷含量超标会加剧钢材的冷脆性。碳和硅以及金属元素含量在适宜范围内有利于改善钢材的力学性能、焊接性能和防腐性能等，但是含量超标同样也会对钢材性能产生不利影响，例如用于焊接结构时，钢材的含碳量宜为 0.12% ~0.20%，含碳量较高时会导致钢材的可焊性变差。土木工程材料教材中，钢材的可焊性主要用碳含量高低表征，而钢材的可焊性并不是由碳含量决定的，而是由碳当量决定的。

根据《钢结构设计标准》（GB 50017—2017）第 4.3.2 条（强制性条文）规定，承重结构所用的钢材应具有屈服强度、抗拉强度、断后伸长率和硫、磷含量的合格保证，对焊接结构尚应具有碳当量的合格保证。焊接承重结构以及重要的非焊接承重结构采用的钢材应具有冷弯试验的合格保证；对直接承受动力荷载或需验算疲劳的构件所用钢材尚应具有冲击韧性的合格保证。

◇4)碳当量

碳当量是指将钢铁中各种合金元素对共晶点实际碳量的影响折算成碳的含量。建筑钢材的焊接性能主要取决于碳当量,碳当量宜控制在0.45%以下,超出该范围的幅度越大,焊接性能变差的程度越大。《钢结构焊接规范》(GB 50661—2011)根据碳当量高低等指标确定了钢材焊接难度等级。因此,对焊接承重结构尚应具有碳当量的合格保证。

7.2 建筑钢材的技术性质

7.2.1 建筑钢材的力学性能

■1)建筑钢材的应力—应变曲线

建筑钢材的力学性能不仅是指抗拉性能,还包括抗冲击韧性、耐疲劳性能和硬度。冷弯性能和可焊性属于建筑钢材的工艺性能。抗拉性能是建筑钢材最主要的技术性质,就像混凝土的抗压强度一样,是其作为结构材料应用时最受关注的技术性质。

需要注意的是,建筑钢材的抗拉强度不仅与其强度等级有关,还与环境温度以及直径或厚度有关。相同强度等级的建筑钢材在严寒、常温和高温环境下,其力学性能也不同。严寒和高温环境下,建筑钢材的力学性能会显著降低。此外,随着钢材直径或厚度增大,建筑钢材的力学性能测试值和设计值都会降低。

建筑钢材的抗拉强度通过拉伸试验获得,通过拉伸试验可以测得建筑钢材的屈服强度、极限抗拉强度和伸长率等技术指标。要掌握建筑钢材的力学性能,首先要熟悉通过钢材拉伸试验得到的应力—应变曲线(图7.1)。

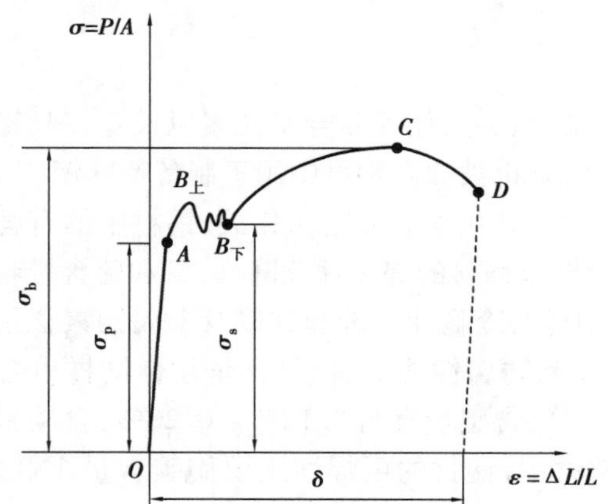

图7.1　低碳钢的应力—应变曲线

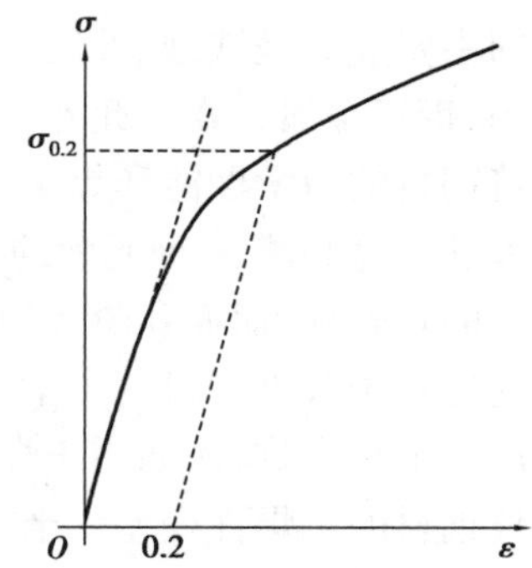

图7.2　中、高碳钢的条件屈服点

建筑钢材拉伸试验得到的应力—应变曲线可以划分为4个阶段:

(1)弹性阶段,变形可以恢复,结构正常服役状态下钢筋变形处于弹性阶段。

(2)屈服阶段,开始出现不可恢复的塑性变形,建筑钢材强度等级和设计强度值的取值依据。

(3)强化阶段,塑性变形和强度值继续增大,反映建筑钢材超过屈服点之后受力的可靠性。

(4)颈缩阶段,达到极限抗拉强度之后变形快速发展,建筑钢材进入断裂状态。

掌握建筑钢材的应力—应变曲线特征,不仅是为了理解建筑钢材的受力特性,更重要的是为理解和掌握钢筋混凝土结构原理奠定基础。此外,低碳钢的应力—应变曲线(图 7.1)与中碳钢、高碳钢等无明显屈服点的高强度钢材的应力—应变曲线(图 7.2)存在显著差异,通过对比学习不同建筑钢材的应力—应变曲线特征,更有助于正确理解建筑钢材的力学性能。

● 2)钢筋的伸长率和钢筋最大力下的总伸长率

《建筑抗震设计规范》(GB 50011—2010)第 3.9.2 条关于建筑结构材料的性能指标提出要求:混凝土结构的钢筋在最大拉力下的总伸长率实测值不应小于 9%,钢结构钢材的伸长率不应小于 20%。以 HRB335(HRB335 级钢筋 2013 年 5 月 1 日开始禁止使用)、HRB400、HRB500 级热轧带肋钢筋为例,其断后伸长率分别不小于 17%、16% 和 15%,而最大力下的总伸长率均不小于 7.5%。教材中通常只详细介绍伸长率(断后伸长率),对最大力总伸长率则未详细介绍,那么“断后伸长率”和“最大力总伸长率”有何区别呢?

教材中提到的钢筋伸长率表示钢筋颈缩区范围内残余变形的大小,是断后伸长率。测试伸长率是把钢筋试件拉断后将断裂处对接,通过测量断裂后标距 l_1 与原始标距 l_0 来计算。钢筋颈缩区与其直径密切相关,因此伸长率 δ_5 和 δ_{10} 受钢筋直径影响较大。

钢筋最大力下总伸长率 δ_{gt} 是均匀伸长率,在测量均匀伸长率时应将钢筋颈缩区排除在外。总伸长率包含钢筋弹性变形和塑性变形的总和,可以更好地反映高强钢筋强度较高、弹性变形较大的特点,而且与钢筋在构件中的实际变形情况一致。用总伸长率 δ_{gt} 作为钢筋的延性指标可以更好地反映高强钢筋的实际变形特点。

☆为什么建筑钢材的弹性模量近似于常量?

弹性模量反映材料抵抗变形的能力,是工程材料重要的性能参数,通过拉伸试验也可以获得建筑钢材的弹性模量。水泥混凝土是非均质材料,其弹性模量与水泥强度等级相关,通常随着强度等级增高而增大。木材的弹性模量不仅与强度等级相关,还与木材纹理方向相关。而建筑钢材的弹性模量并不会随着其强度等级的增加而出现明显的变化,如常用的热轧钢筋,随着屈服强度和极限抗拉强度的显著增大,其弹性模量却未明显增大。为什么常用建筑钢材的弹性模量取为常量呢?

从微观角度来说,建筑钢材弹性模量是原子、离子或分子之间键合强度的反映。凡是影响键合强度的因素,如键合方式、晶体结构、化学成分、热处理状态、冷塑性变形等均能影响钢材的弹性模量,使钢材的弹性模量有 5% 左右的波动。但是总体来说,钢材的弹性模量是一个对组织不敏感的力学性能指标,合金化、热处理、冷塑性变形等对弹性模量的影响较小,温度、加载速率等外在因素对其影响也不大。所以一般认为建筑钢材弹性模量为常数。例如,建筑钢材中常用的普通碳素结构钢(Q235)和低合金结构钢(Q345)的弹性模量分别为 210 GPa 和 206 GPa。

从宏观角度来说,弹性模量可以作为衡量建筑钢材产生弹性变形难易程度的指标,其值越大,钢材发生一定弹性变形的应力也就相应越大。弹性模量与拉伸试验中屈服极限和强度极限不同,屈服极限和强度极限反映的是材料对荷载的承受能力(与钢材的强度等级有关),而弹性模量与钢材的强度等级没有必然联系,所以也不会随着钢材强度等级的增加而出现明显的变化。例如钢筋混凝土结构用钢中的热轧钢筋,随着屈服强度和极限抗拉强度的增大,其弹性模量并没有明显的增大。

◇3)**冲击韧性**

严寒环境下,建筑钢材具有冷脆性。例如在 -20 ℃以下,建筑钢材的韧性降低,断裂时甚至呈现脆性特征。因此,在负温环境下建造钢结构或建造负温环境下服役的钢结构时,应选用脆性转变温度低于使用环境温度的建筑钢材。此外,直接承受动力荷载的工业建筑和桥梁等建筑物,需要保证钢材的冲击韧性合格。

◇4)**钢材的质量等级**

钢材的质量等级主要是根据冲击韧性(夏比 V 形缺口试验)的要求区分的,对冷弯试验的要求也有所区别。根据《碳素结构钢》(GB/T 700—2006),Q235 级和 Q275 级碳素结构钢的质量等级由低到高分为 A、B、C、D 4 个质量等级。A 级对冲击吸收功未做出明确规定,A 级钢的碳、锰、硅含量不作为交货条件,因此,A 级钢不应用于承重的焊接结构,尤其不应用于承受动荷载(例如吊车梁)和处于低温环境的焊接钢结构。B、C、D 级(Q235 和 Q275)则分别要求 20 ℃,0 ℃,-20 ℃时冲击吸收功不小于 27 J(纵向)。

根据《低合金高强度结构钢》(GB/T 1591—2018),低合金高强度结构钢 Q355 级取代了原标准中的 Q345 级。低合金高强度结构钢包括 B、C、D、E 和 F 5 个质量等级,和碳素结构钢一样,质量等级也是以对冲击韧性(夏比 V 形缺口试验)的要求区分的。B、C、D 级对应要求 20 ℃,0 ℃,-20 ℃时冲击吸收能量不小于 34 kV_2/J(纵向)和 27 kV_2/J(横向);E 级要求 -40 ℃冲击吸收能量不小于 31 kV_2/J(纵向)和 20 kV_2/J(横向);F 级要求 -60 ℃冲击吸收能量不小于 27 kV_2/J(纵向)和 16 kV_2/J(横向)。不同质量等级对碳、硫、磷、铝等含量的要求也有区别。

◇5)**疲劳强度**

钢材在交变荷载反复作用下,在最大应力远小于其抗拉强度时突然发生脆性断裂而破坏的现象,称为疲劳破坏。钢材的疲劳破坏在低应力状态下突然发生,危害极大,往往造成灾难性的工程事故。疲劳破坏,简单地理解就是在反复施加的荷载作用下,材料在很低的应力状态下破坏。例如一根细铁丝,用手难以直接拉断,但是在反复弯曲时容易快速断裂。

金属结构的疲劳破坏是工程界极为关注的问题,飞机、车辆可能因钢材疲劳产生严重事故,而钢结构构件,尤其是焊接钢结构构件,更容易在循环应力状态下发生突然的脆性破坏。因此,尤其需要注意焊接金属构件的疲劳计算及防止脆性断裂设计。

7.2.2 钢材的工艺性能

●1)**冷弯性能**

冷弯性能是检验钢材加工性能和承受弯曲变形能力的指标。冷弯是钢材在不利变形条件下产生的塑性变形,与钢材在均匀变形下的塑性不同,在一定程度上冷弯能够反映钢材的内部组织是否均匀、是否存在内应力以及非金属夹杂物等缺陷。在工程中,冷弯试验是检验钢材焊接质量的严格手段。一般来说,钢材的塑性越大,其冷弯性能越好,且冷弯试验对钢材塑性的评定比拉伸试验更严格。

●2)焊接性能

焊接是钢材的重要连接方式,钢材的焊接质量和焊接性能是影响焊接钢结构安全性的重要因素。钢材的焊接性能和焊接质量可以通过焊接性试验检验,借助焊接性试验可以掌握钢材在一定工艺条件下焊接后的性能特点,如焊接接头出现裂缝的可能性,即抗裂性好坏;焊接接头的可靠性,包括接头的力学性能和其他特殊性能(耐热、耐蚀、耐低温、抗疲劳、抗时效)等。

根据《焊接接头拉伸试验方法》(GB/T 2651—2008),焊接接头质量检验可以采用拉伸试验,要求焊接接头的抗拉强度不低于母材的抗拉强度,也就是拉伸断裂时断口不能处于焊接接头的位置。碳含量以及硫、磷含量都会影响钢材焊接性能,因此在选择焊接结构的钢材时,尤其要注意钢材的质量等级,例如 Q235A 不应用于承重焊接结构。

7.3 建筑钢材的冷加工和热处理

◇1)冷加工

将钢材在常温下进行冷拉、冷拔、冷轧和刻痕等,使之产生塑性变形,强度和硬度明显提高,塑性和韧性则有所降低,这个过程称为钢材的冷加工。

10 mm 以下的光圆钢筋常以圆盘形式供应,圆盘钢筋运输到现场之后通常采用冷拉方法进行调直和除锈,同时钢筋的抗拉强度也有所提高。尽管冷拉加工可以提高钢筋抗拉强度,节约钢材用量,但是现场冷拉控制难度大,容易出现超张拉而导致钢筋塑性明显降低,直径减小,成为严重影响结构安全性的"瘦身钢筋"。"瘦身钢筋"禁止使用,因此,目前钢筋冷拉主要是为了调直,而不再用于提高钢筋抗拉强度。

◇2)热处理

热处理是将固态钢材进行加热、保温和冷却,以改变其微观组织结构,从而获得所需性能的工艺过程。热处理的方法有退火、正火、淬火和回火。建筑钢材一般在生产厂进行热处理并以热处理状态供应。在施工现场,有时需对焊接件进行热处理。

7.4 建筑钢材的技术标准和选用

土木工程中采用的钢材可以分为钢筋混凝土用钢和钢结构用钢两大类,主要由碳素结构钢、低合金高强度结构钢和优质碳素结构钢 3 类钢材加工而成。选用建筑钢材时需根据结构设计要求,考虑结构重要性、施工环境、建筑物服役环境、连接方法(焊接或螺栓连接)等因素,选用强度等级和质量等级满足要求的钢材,以保证结构在设计使用年限内的安全性。

7.4.1 建筑钢材的主要种类

◇1)碳素结构钢

根据《碳素结构钢》(GB/T 700—2006)规定,碳素结构钢包括 Q195、Q215、Q235 和 Q275

这 4 个强度等级,质量等级包含 A,B,C,D 共 4 个等级。选用碳素结构钢时,除了考虑强度等级外,还需考虑钢材的使用环境和加工工艺,尤其是负温环境和焊接结构。

◇2)低合金高强度结构钢

低合金高强度结构钢是脱氧完全的镇静钢,是在碳素结构钢中加入总量小于 5% 的合金元素而形成的钢种。常用的合金元素有硅、锰、钛、钒、铬、镍和铜等,这些合金元素不仅可以提高钢的强度和硬度,还能改善钢的塑性和韧性,合金元素的含量应在适宜范围内,否则也会导致钢材力学性能和可焊性降低。

根据《低合金高强度结构钢》(GB/T 1591—2018),低合金高强度结构钢共有 8 个强度等级,分别是 Q355,Q390,Q420,Q460,Q500,Q550,Q620 和 Q690。低合金高强度结构钢的牌号由代表屈服强度的字母 Q、最小上屈服强度数值、交货状态代号和质量等级符号(B、C、D、E、F)4 个部分按顺序组成,例如 Q355B、Q355NB、Q355MB,其中 Q355B 表示下屈服强度为 355MPa 的热轧钢(交货状态为热轧时,符号 A 省略),质量等级为 B;Q355NB 中,N 表示正火或正火状态轧制;Q355MB 中,M 表示热机械轧制。钢结构用钢的强度等级主要是 Q355 和 Q390。

低合金高强度结构钢除强度高外,还有良好的塑性和韧性,硬度高,耐磨性好,耐腐蚀性能强,耐低温性能好。一般情况下,其含碳量≤0.2%,因此低合金高强度结构钢仍具有较好的可焊性和加工性能。采用低合金高强度结构钢,在相同使用条件下,可比碳素结构钢节约用钢 20% ~25%,有利于减轻结构自重。

☆3)优质碳素结构钢

根据《优质碳素结构钢》(GB/T 699—2015)规定,优质碳素结构钢共有 28 个牌号。优质碳素结构钢成本高,主要用作重要结构的钢铸件及高强螺栓等时,常选 30 ~45 号钢;在预应力钢筋混凝土中用作锚具时,选 45 号钢;生产预应力钢筋混凝土用的碳素钢丝、刻痕钢丝和钢绞线时,选 65 ~70 号钢。优质碳素结构钢一般经热处理后再使用,也称为“热处理钢”。

7.4.2 钢筋混凝土结构用钢材

钢筋混凝土结构用钢材主要是普通钢筋和预应力筋等。普通钢筋主要有热轧光圆钢筋(HPB300)、普通热轧带肋钢筋(HRB400,HRB500)、细晶粒热轧带肋钢筋(HRBF400,HRBF500)、余热处理带肋钢筋(RRB400)。此外还有抗震性能较高的普通热轧带肋钢筋,在钢筋牌号后面带有字母 E,如 HRB400E。预应力筋主要有中强度预应力钢丝、预应力螺纹钢筋、消除应力钢丝和钢绞线。

●1)热轧钢筋

热轧钢筋是建筑工程中用量最大的钢材品种之一,包括热轧光圆钢筋和热轧带肋钢筋,其屈服强度等技术指标应符合《钢筋混凝土用钢 第一部分:热轧光圆钢筋》(GB1499.1—2017)和《钢筋混凝土用钢 第二部分:热轧带肋钢筋》(GB1499.2—2018)的规定。

热轧光圆钢筋由碳素结构钢轧制而成,其牌号由 HPB 和屈服强度特征值构成,目前采用的主要是 HPB300 级。热轧光圆钢筋强度低,但塑性好,断后伸长率高,便于弯折成型和焊接。HPB300 级钢筋主要用于钢筋混凝土构件的箍筋以及钢、木结构的拉杆等,也可用于生产冷轧带肋钢筋和冷拔低碳钢丝。

热轧带肋钢筋是用低合金钢轧制而成，分为普通热轧钢筋和细晶粒热轧钢筋。其牌号分别由 HRB、HRBF 和屈服强度特征值构成，目前使用最普遍的是 HRB400。热轧带肋钢筋的强度、塑性、焊接性能均较好，且钢筋表面带有纵肋和横肋，显著增强了钢筋与混凝土之间的握裹力。热轧带肋钢筋主要用作钢筋混凝土结构的受力钢筋，比使用热轧光圆钢筋节省钢材 40% ~50% 。

●2）高强度钢筋

提高钢筋强度等级可以减少用钢量，例如用 HRB400 级钢筋取代 HRB335 级钢筋（已禁止使用），可节约钢材 12% ~17% 。推广应用 400 级和 500 级高强度钢筋，不仅可以减少用钢量，还可以降低铁矿石和煤炭耗用量，降低碳排放量和污水排放量等，有助于提高经济效益和保护环境。但是，提高钢筋强度等级是有限制的，并不是选择高强度钢筋就一定可以降低钢筋混凝土构件的用钢量，毕竟混凝土结构设计需要同时满足承载能力极限状态和正常使用极限状态设计要求。例如，混凝土梁不仅需考虑受弯承载力，还需要满足最小配筋率要求以及裂缝宽度和挠度限值要求，如果钢筋用量降低，由于钢筋直径减小，混凝土梁的裂缝宽度和挠度可能大于设计限值，不满足正常使用极限状态要求。对于混凝土柱而言，同样也有最小配筋率要求，根据《建筑抗震设计规范》（GB 50011—2010）第 6.3.7 条第一款规定，钢筋强度等级为 400 MPa 时，混凝土柱的最小配筋率应增大 0.05% 。此外，随着钢筋强度提高，其塑性逐渐降低，最大力下总伸长率也可能不满足建筑抗震设计要求。

7.4.3　钢结构用钢材

钢结构用钢材主要是热轧型钢、冷弯薄壁型钢、钢管和钢板等。钢结构用钢规格多样，钢材易于加工且可焊性好，而且钢结构建筑自重轻、抗震性能好，因此，超高层建筑常采用钢结构或组合结构，如上海中心大厦和广州塔等。

钢结构建筑施工速度较快，能够明显减少建筑垃圾和扬尘污染；且钢材可循环利用、抗震性能优良、施工周期短、适合装配式建造。因此，大力发展钢结构建筑，可有效提高建筑物抗震性能，减轻地震危害；有利于消化钢铁过剩产能和推动钢铁产业升级，并促进建筑工业化和装配式建筑发展。

尽管钢结构建筑具有诸多优势，但是钢材的防腐和防火问题极大地制约了钢结构建筑的发展。因此，需要开发可有效解决钢材防腐和防火问题的建筑材料和建筑技术体系，才能更好地促进钢结构建筑的发展。

7.5　建筑钢材的腐蚀与防护

●1）钢材的腐蚀

钢材的腐蚀（锈蚀）包含化学腐蚀和电化学腐蚀两个过程。化学腐蚀是指钢材与周围介质（如 O_2、CO_2、SO_2 和水等）直接发生化学反应，生成疏松的氧化物而引起的腐蚀。在常温下，钢材表面形成钝化能力很弱的氧化物保护膜（FeO）。但这层保护膜结构疏松，易破裂，有害介质容易侵入而发生反应，导致钢材腐蚀。干燥环境下，钢材锈蚀缓慢；而温度和湿度较高时,锈蚀速度加快。

钢材含有 C 和其他杂质,在表面介质作用下,各成分的电极电位不同,形成许多微小的局部 Fe-C 原电池,使钢材产生电化学腐蚀。水是弱电解质溶液,而溶有 CO_2 的水则成为有效的电解质溶液,从而加速电化学腐蚀。铁元素失去了电子成为 Fe^{2+} 进入介质溶液,与溶液中的 OH^- 结合生成 $Fe(OH)_2$,$Fe(OH)_2$ 进一步氧化成疏松易剥落的红棕色铁锈($Fe(OH)_3$ 和 $Fe_2O_3 \cdot nH_2O$)。

钢筋在混凝土中的腐蚀,实际上是化学腐蚀和电化学腐蚀共同作用所致,但以电化学腐蚀为主。混凝土的碱性环境使钢筋表面形成钝化膜(FeO),可以防止钢筋锈蚀。但是在服役过程中,混凝土结构会受到多种侵蚀性介质作用,如 CO_2 的碳化作用导致混凝土碱度降低。混凝土孔隙液相呈碱性,pH 值通常为 12.3~12.7,当 pH 值小于 11.5 时,钢筋钝化膜就会被破坏,从而导致钢筋锈蚀。此外侵蚀性介质(如 Cl^-)还会通过混凝土裂缝和孔隙渗透到达钢筋表面,加速钢筋锈蚀。

●2)防腐措施

对于钢筋混凝土结构而言,钢筋的腐蚀主要是侵蚀性介质渗透到混凝土中导致钢筋钝化膜被破坏,侵蚀性介质在水分和空气存在条件下使钢筋表面发生电化学腐蚀。防止钢筋锈蚀,需要提高混凝土的密实度和抗渗性能,延缓甚至阻止侵蚀性介质到达钢筋表面。改善混凝土孔隙结构,提高混凝土的闭孔率和无害孔的比例,使侵蚀性介质难以到达钢筋表面。防止钢筋锈蚀的措施包括多个方面,首先需要提高混凝土拌合物和易性和加强施工过程控制,例如:

(1)采用较低的水胶比。

(2)水泥用量符合混凝土结构耐久性设计标准要求。

(3)提高混凝土拌合物的和易性,防止混凝土离析和泌水。

(4)掺加适量优质活性矿物掺合料。

(5)加强混凝土振捣和养护。

(6)降低混凝土中 Cl^- 含量,禁止使用未经淡化处理的海砂。

其次,还需要采用合理的结构设计和施工措施,例如:

(1)增加混凝土保护层厚度,这是最简单有效的防止钢筋腐蚀的措施。

(2)采用防腐处理的钢筋,如环氧树脂包覆钢筋、镀锌钢筋等。

(3)提高混凝土抗裂性。混凝土一旦开裂,侵蚀性介质就会快速到达钢筋表面,加速钢筋锈蚀。可以说,如果混凝土不开裂,混凝土中的钢筋不会快速锈蚀。

对于钢结构用钢而言,提高钢材的防腐性能主要是在钢材表面涂刷防腐涂料。钢结构防腐涂料类型众多,主要有富锌漆、环氧树脂基防腐漆、聚氨酯防腐漆等。防腐涂料的寿命通常仅 10~15 年,而钢结构建筑的设计使用寿命是 50 年甚至 100 年,钢结构服役期间需要进行数次防腐处理,严重影响钢结构建筑的正常使用。高品质防腐涂料的防腐寿命可以达到 25 年,如国家体育场采用的防腐涂料。此外,钢结构还可以与混凝土组合,如型钢混凝土组合结构,不仅可以避免钢结构服役期间的防腐处理问题,也可以解决钢结构防火问题。

7.6　建筑钢材的防火

●1)钢材的耐火极限

钢材是不燃材料,但是钢材导热系数大,导致其耐火性能较差。200 ℃以内,钢材力学性能没有显著变化;超过250 ℃后,随着温度升高,钢材强度降低,变形增大;400～500 ℃,钢材的强度和弹性模量急剧降低,达到600 ℃时已经失去承载力(临界温度为538 ℃)。大量的耐火试验与火灾案例表明,以失去承载能力为标准,没有保护层的钢柱和钢屋架的耐火极限只有15 min,而没有保护层的裸露钢梁的耐火极限为9 min。

钢结构构件遇火后开始失去承载力的临界温度与构件的长细比、结构构造和受力形式等有关,根据《建筑钢结构防火技术规范》(GB 51249—2017),钢结构构件受火灾作用达到其耐火承载力极限状态时的临界温度甚至可以低至300 ℃以下。与混凝土结构相比,钢结构的防火问题更加突出。因此,钢结构在建造过程中需要采取良好的防火措施。经过防火处理后的钢材,其耐火极限可以提高到3.0 h以上。

●2)钢结构的防火措施

钢结构的防火措施应根据钢结构的结构类型、设计耐火极限和使用环境等因素确定。钢结构构件常采用以下几种防火措施或多种防火措施组合使用。

(1)喷涂(涂抹)防火涂料。

(2)包覆防火板。

(3)包覆柔性毡状隔热材料(防火毯)。

(4)外包混凝土、金属网抹砂浆或砌筑砌体。

◇3)防火涂料

钢结构防火涂料按照组成材料的类型,可以分为有机防火涂料和无机防火涂料;按照阻燃机理和遇火后是否膨胀,可以分为膨胀型防火涂料和非膨胀型防火涂料;按照使用厚度,可以分为厚型防火涂料(7～45 mm)、薄型防火涂料(3～7 mm)和超薄型防火涂料(3 mm及以下)。

无机防火涂料采用无机胶凝材料制备,如普通硅酸盐水泥、硫铝酸盐水泥、铝酸盐水泥、建筑石膏、水玻璃和氯氧镁水泥等,并掺加膨胀珍珠岩、膨胀蛭石、膨胀玻化微珠等轻质集料。无机防火涂料通常为厚型非膨胀型,耐火极限可以达到3.0 h以上。结构构件的耐火极限要求2.0 h以上时,通常采用无机厚型防火涂料。

有机防火涂料的组分通常包含成膜物质、膨胀阻燃体系、填料和助剂等,其中成膜物质和膨胀阻燃体系是防火涂料的关键组分。有机防火涂料通常是膨胀型的,成膜物质包括多种基体树脂和乳液,如苯乙烯改性丙烯酸乳液、聚醋酸乙烯乳液等;阻燃剂包括膨胀石墨、聚磷酸铵、三聚氰胺和季戊四醇等。有机膨胀型防火涂料的耐火极限通常小于2.0 h。

◇4)防火涂料的防火原理

膨胀型防火涂料的防火原理是:膨胀型防火涂料成膜后,遭受火灾时,涂层发泡炭化,形成海绵状炭质层,阻隔外界火源的热量传导到钢材,从而发挥阻燃作用。

非膨胀型防火涂料的防火原理是:涂层自身难燃或不燃,且具有较低的导热系
量传递;遭受火灾时可以释放出不燃气体(水蒸气、CO_2、HCl 等),从而驱散氧气
体,阻碍燃烧;高温作用下可以形成不燃性的无机釉膜层,膜层结构致密,有效隔
时间隔绝热量传递。

◆ 本章习题

一、单项选择题

(1)钢材在常温下承受弯曲变形的能力被称为(　　)。

A. 屈服强度　　B. 弯曲强度　　C. 弯曲性能　　D. 冷弯性能

(2)钢材抵抗冲击荷载的能力被称为(　　)。

A. 塑性　　B. 冲击韧性　　C. 韧性　　D. 弯曲性能

(3)钢材在交变荷载作用下,应力远小于抗拉强度时断裂,这种现象称为钢材

A. 受拉破坏　　B. 受弯破坏　　C. 疲劳破坏　　D. 断裂破坏

(4)冷拉是在常温下将热轧钢筋用冷拉设备进行强力张拉,应力超过(
抗拉强度时再卸荷的加工方法。

A. 屈服强度　　B. 弯曲强度　　C. 极限抗拉强度　　D. 疲劳强度

(5)经过冷拉的钢筋在常温下存放 15 ~ 20 d,或加热到 100 ~ 200 ℃并保持 2
筋的强度进一步提高,这个过程称为(　　)。

A. 冷拉强化　　B. 时效　　C. 时效处理　　D. 加热强化

(6)钢材在常温下进行冷加工(冷拉、冷拔或冷轧)使其产生塑性变形,而屈
提高,这个过程称为(　　)。

A. 冷加工强化　　B. 时效　　C. 时效处理　　D. 加热强化

(7)钢材在自然环境中直接与周围介质发生化学反应而产生的锈蚀称为(

A. 电化学锈蚀　　B. 自然锈蚀　　C. 氧化锈蚀　　D. 化学锈蚀

(8)金属表面由于形成原电池而产生的锈蚀称为(　　)。

A. 电化学锈蚀　　B. 自然锈蚀　　C. 氧化锈蚀　　D. 化学锈蚀

(9)根据冶炼时(　　)不同,钢可以分为沸腾钢、半镇静钢、镇静钢和特殊镇静

A. 温度　　B. 脱氧程度　　C. 熔融状态　　D. 熔点

(10)钢材按化学成分可分为(　　)和(　　)。

A. 碳素钢、合金钢　　B. 低碳钢、高碳钢

C. 碳素钢、低合金钢　　D. 合金钢、低合金钢

(11)建筑钢材随着含碳量的增加,其强度(　　),塑性和韧性(　　)。

A. 增大、提高　　B. 增大、降低　　C. 降低、降低　　D. 增大、不变

(12)含碳量小于(　　)时,随着含碳量增加,钢材的强度和硬度提高。

A. 0.25%　　B. 0.60%　　C. 0.80%　　D. 2.06%

(13)建筑钢材含碳量大于(　　)时,随着含碳量的增加,其可焊性降低。

A. 0.20%　　B. 0.25%　　C. 0.30%　　D. 0.80%

(14)随着(　　)增加,钢材的可焊性变差,冷脆性和时效敏感性增大,而
降低。

A. 温度　　B. 屈服强度　　C. 含碳量　　D. 硫氧含量

(15)经过冷加工强化处理后,钢材的(　　　　)。

A.屈服强度提高,塑性降低　　B.屈服强度提高,塑性提高

C.弹性模量提高,塑性降低　　D.弹性模量提高,塑性提高

(16)土木工程中常用的钢材,含碳量均小于(　　)。

A.0.25%　　B.0.60%　　C.0.80%　　D.1.00%

(17)土木工程中常用的合金钢的合金元素含量小于(　　)。

A.2%　　B.3%　　C.5%　　D.10%

(18)钢筋强度标准值的保证率应不小于(　　)

A.90%　　B.95%　　C.97.5%　　D.100%

(19)承重结构用的钢材应具有抗拉强度、伸长率、屈服强度和硫、磷含量的合格保证,对于焊接结构尚应具有(　　)的合格保证。

A.氧含量　　B.氮含量　　C.碳含量　　D.硅含量

(20)抗震钢筋实测屈服强度与标准规定的屈服强度特征值之比不应大于(　　)。

A.1.0　　B.1.25　　C.1.3　　D.2.0

二、判断题

(1)硬钢以发生残余变形的0.2%时的应力作为规定的屈服极限。(　　)

(2)随碳含量提高,碳素结构钢的强度、塑性均提高。(　　)

(3)低合金钢的塑性和韧性较差。(　　)

(4)随碳含量提高,建筑钢材的强度、硬度均提高,塑性和韧性降低。(　　)

(5)钢材的屈强比(σ_s/σ_b)越大,结构的可靠度越大。(　　)

(6)钢材经过冷加工后在常温下放置一段时间,其强度和硬度会自发提高。(　　)

(7)钢材经过冷加工后在常温下放置一段时间,塑性和韧性会逐渐降低。(　　)

(8)Q235A级钢材不仅适用于承受静荷载的结构,也适用于重要焊接结构。(　　)

(9)低合金钢的钒钛含量越高,其可焊性越好。(　　)

(10)抗震钢筋的极限抗拉强度比同强度等级的普通钢筋高得多。(　　)

三、简答题

(1)什么是钢材的冷加工强化和时效处理?

(2)钢材经冷加工及时效处理后,其机械性能有何变化?

(3)实际工程中对钢筋进行冷加工及时效处理的主要目的是什么?

(4)什么是钢材的屈强比?屈强比大小对钢材的使用性能有何影响?

(5)简述钢材的锈蚀机理。

(6)简述防止钢材锈蚀的方法。

(7)简述钢材锈蚀产生的主要危害。

四、计算题

一根公称直径为16 mm的建筑钢筋试样,做拉伸试验时测得数据如下:

直径 d/mm	截面积 A/mm^2	标距长 L_0/mm	拉断后长 L/mm	屈服荷载 F_s/kN	极限荷载 F_b/kN
16	201	80.0	95.0	95.2	106.5

试求该钢筋的屈服应力 σ_s、抗拉强度 σ_b 和断后伸长率 δ。

石材

❖ 本章导读

建筑石材主要用于装饰工程和园林景观工程。本章的重点是熟悉建筑石材的分类和常用建筑石材的主要技术性质,同时了解天然石材的破坏原因及防护技术。

➤ 知识目标

(1)熟悉建筑石材的概念、特点及其分类。
(2)熟悉建筑石材的主要技术性质。
(3)了解化学成分对建筑石材性能的影响。
(4)了解建筑石材的防护措施。

➤ 技能目标

(1)了解建筑石材的工程应用要求。
(2)了解天然石材的防护技术。

➤ 重点难点释疑

◇1)建筑石材的类型

石材在建筑领域应用的历史非常悠久,赵州桥、罗马角斗场等世界著名的石质建筑物历经千年依然屹立。但是大量开采石材会严重破坏环境,且石材自重大,因此,目前采用天然石材砌筑墙体已经非常少见。天然石材主要用于建筑装饰工程和风景园林工程,但目前,建筑工程中的人造石材已经大量取代了天然石材。

常用天然石材包括岩浆岩、沉积岩和变质岩。

(1)岩浆岩,包括花岗岩、玄武岩和绿辉岩等。

(2)沉积岩,包括石灰岩和砂岩等。

(3)变质岩,包括大理石、石英岩和片麻岩等。

其中,天然大理石和天然花岗石是常用的建筑装饰石材。

◇2)建筑石材的技术性质

建筑石材的技术性质包括3个方面,即物理性质、力学性质和工艺性质。

(1)物理性质,包括表观密度、吸水性、耐水性、抗冻性、耐热性、导热性和安全性。

(2)力学性质,包括抗压强度、冲击韧性、硬度和耐磨性。

(3)工艺性质,包括加工性、磨光性和抗钻性。

部分天然石材可能含有放射性元素,室内和人员密集区域使用的天然石材,需重点关注其安全性。选用石材时,其他需要关注的技术性质有表观密度、吸水性和抗压强度等。

◇3)天然石材的破坏和防护

尽管天然石材具有良好的耐久性,但是在长期使用过程中,由于受到周围自然环境因素的影响,如水分的浸渍与渗透、空气中有害气体的侵蚀及光、热或外力的作用等,石材依然会缓慢地产生物理变化和化学变化,表面逐渐风化。水分的渗入及水的作用是石材被破坏的主要原因,它能软化石材并加剧其冻害,且能与有害气体结合成酸,使石材发生分解与溶解。水流对石材起冲刷与冲击作用,从而加速石材破坏。因此,使用石材时应特别注意水的影响。此外,寄生在岩石表面的苔藓和植物根系的生长对岩石也有破坏作用。

对石材的保护,除了采取防水措施外,还可以在石材表面涂刷防护剂,包括硅酸盐类防护剂、有机硅低聚物类防护剂、丙烯酸类防护剂、有机氟硅类防护剂和有机氟碳类防护剂等。涂刷防护剂后,石材吸水率降低而耐酸碱能力提高,其抗渗透性能和防污染性能也会改善。

◆ 本章习题

一、单项选择题

(1)下列关于岩石物理力学性质的描述,不正确的是(　　)。

A. 孔隙率越小,强度越高　　B. 二氧化硅含量越高,耐酸性越强

C. 晶粒越粗,强度越高　　C. 花岗岩的耐火性不好

(2)下列天然石材,按其耐久性或使用年限由短到长的顺序排列,正确的是(　　)。

A. 石灰石 < 大理石 < 花岗石 < 片麻岩　　B. 石灰石 < 片麻岩 < 大理石 < 花岗石

C. 大理石 < 石灰石 < 片麻岩 < 花岗石　　D. 片麻岩 < 石灰石 < 大理石 < 花岗石

(3)大理石的主要矿物成分是(　　)。

A. 石英　　B. 方解石　　C. 长石　　D. 石灰石

(4)下面岩石中,耐火性最差的是(　　)。

A. 石灰岩　　B. 大理岩　　C. 玄武岩　　D. 花岗岩

(5)大理石构造致密,是高级装饰石材,下列关于其特点的描述不正确的是(　　)。

A. 密度大,孔隙率低　　B. 不宜用于室外装饰

C. 易被酸侵蚀　　D. 硬度大,不易切割

(6)用于基础、踏步和人行道的石材宜选用下列石材中的(　　)。

A. 砂岩　　B. 大理石　　C. 花岗岩　　D. 玄武岩

(7)水磨石地面使用的色石渣宜选用(　　)材残碎料加工。

A. 石灰岩　　B. 大理石　　C. 片麻石　　D. 石英岩

(8)重质石材的表观密度应大于(　　)。

A. 1 800 kg/m^3　　B. 2 000 kg/m^3　　C. 1 600 kg/m^3　　D. 2 400 kg/m^3

(9)下列 4 种岩石中,耐久性最好的是(　　)。

A. 石灰岩　　B. 硅质砂岩　　C. 花岗岩　　D. 石英岩

(10)下列岩石中,抗压强度最高的是(　　)。

A. 大理石　　B. 玄武岩　　C. 石灰岩　　D. 石英岩

二、判断题

(1)土木工程重要结构物使用的石材,其软化系数应大于 0.75。(　　)

(2)石材属于典型的脆性材料。(　　)

(3)岩石体积密度越大,孔隙率越低,耐久性越好。(　　)

(4)岩石的吸水率越小,岩石的强度与耐久性越高。(　　)

(5)石灰岩属于岩浆岩,其主要矿物成分是方解石。(　　)

9 木材

❖ 本章导读

木材用途广泛，故其应用技术性质繁多。本章主要列举了土木工程中常用的木材种类及其技术性质，重点是掌握木材的分类以及影响木材物理力学性能的因素，了解木材的防火措施。

➢ 知识目标

（1）熟悉木材的概念、特点及其分类。
（2）掌握建筑木材的主要技术性质。
（3）熟悉化学成分对木材性能的影响。
（4）了解建筑木材的防护方法。

➢ 技能目标

（1）能够根据工程应用特点合理选用建筑木材。
（2）了解建筑木材的应用技术要求。

➤ 重点难点释疑

9.1 木材的分类

◇1)木材的概念

木材不仅是自然生长的树木经过加工后得到的原木或方木等,还包括利用树木加工生产的各种人造木材,如层板、胶合木、结构复合木材和木基结构板。由于木材再生速度缓慢,大量砍伐树木会严重破坏环境,因此除了用木材修复历史建筑和修建景观建筑外,采用原木或方木等天然木材作为建筑结构用材料在我国受到极大限制。随着木材加工技术的发展,各种人造木材逐步取代天然木材,并大规模用于建筑工程领域。

◇2)木材的种类

木材可以按照树木的名称来分类,例如松木和杉木等;还可以按照加工形式分类,例如原木、方木和人造板材等,其中人造板材类型众多,是目前生产量最大、用途最为广泛的人造木材。人造板材可以用于木结构、家具、建筑装饰,也可以作为建筑模板。美国、加拿大等国的大量民用建筑(住宅)采用人造板材建造,修建的木结构房屋具有良好的保温隔热效果。

9.2 木材的物理力学性质

◇1)木材含水率

木材含水率,是指木材试样所含水分的质量与全干试样的质量之比,试样烘干温度为(103 ±2) ℃,测试方法详见《木材含水率测定方法》(GB/T 1931—2009)。木材含水率不仅影响其力学性能,也会影响其体积稳定性。木材含水率低于纤维饱和点时,木材强度与含水率的变化成负相关关系,还会产生湿胀干缩变形;木材含水率高于纤维饱和点时,木材含水率变化主要是自由水变化,强度保持稳定,也不会产生湿胀干缩变形。木材含水率对各种强度的影响程度也有差异,对抗弯和顺纹抗压强度影响较大,对顺纹抗剪强度影响较小,对顺纹抗拉强度几乎没有影响。

纤维饱和点,是指木材仅细胞壁中的吸附水达到饱和状态,而细胞腔和细胞间隙中无自由水存在时的含水率,不同的树种其纤维饱和点也不同。

平衡含水率,是指一定的湿度和温度下,木材含有的水分与空气中的水分不再进行交换而达到稳定状态时的含水率,同种木材在不同地区的平衡含水率不同。

木材的含水率对其力学性能和体积稳定性具有重要影响,制作木材构件时,木材含水率应符合下列规定:

(1)板材、规格材和工厂加工的方木,含水率不应大于19%。

(2)方木、原木作为受拉构件的连接板,含水率不应大于18%;作为连接件,含水率不应大于15%。

(3)胶合木层板和正交胶合木层板,含水率应为 8% ~15%,且同一构件各层木板间的含水率差别不应大于 5%。

(4)井干式木结构构件,采用原木制作时,含水率不应大于 25%;采用方木制作时,含水率不应大于 20%;采用胶合原木木材制作时,含水率不应大于 18%。

(5)现场制作的方木或原木构件的木材,含水率不应大于 25%。

◇2)木材的力学性能

木材的力学性能主要有抗弯强度、顺纹抗压强度、顺纹抗拉强度、顺纹抗剪强度、横纹承压强度和弹性模量。木材的力学性能不仅与树种有关,还与木材受力方向、纹理方向(横向、径向、弦向)、环境温度、木材含水率和瑕疵等因素有关。木材的构造是决定木材性能的重要因素。树种不同、生长环境不同,其构造特征差异很大。木材是各向异性的,其构造应从树干的 3 个主要切面来剖析。

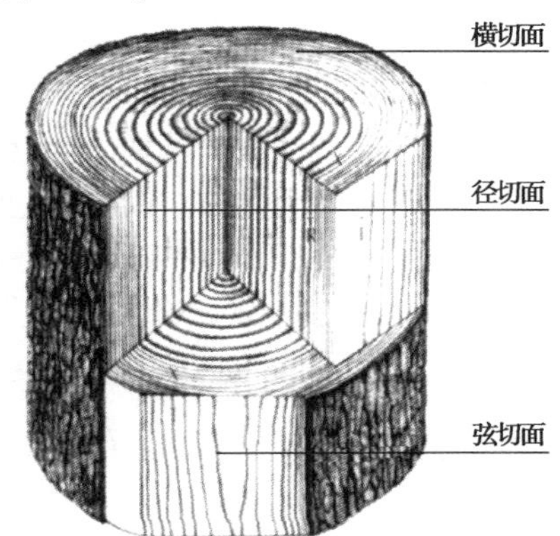

图 9.1 树干的 3 个主要切面

①横切面:与树轴垂直的截面(切面)。

②径切面:与树轴平行的截面(切面)。

③弦切面:垂直于横切面而相切于年轮的面。

由于木材构造各向不同,其强度也呈现出明显的各向异性,因此木材强度指标又有顺纹和横纹之分。顺纹是指作用力方向平行于纤维方向;横纹是指作用力方向垂直于纤维方向。木材的顺纹强度和横纹强度差别很大。

◇3)木材的强度等级

木材强度等级代号中的数值为木结构设计时的抗弯强度设计值,例如,树种代号为 TC17 的木材的抗弯强度设计值为 17 N/mm^2,树种代号为 TB20 的木材的抗弯强度设计值为 20 N/mm^2,详见《木结构设计标准》(GB 50005—2017)第 4.3.1 条。由于木材实际强度受多种因素影响,因此其强度设计值比木材试件的实际强度低数倍。

9.3 木材的防腐与防火

木结构的应用历史非常悠久,木结构建筑的建造工艺也极为精湛,例如建于 1056 年的应县木塔,纯木结构,高达 67 m,无钉无铆,是我国现存的最高的木结构建筑;建于公元 782 年的南禅寺主体建筑大佛殿,共用檐柱 12 根,殿内没有天花板,也没有柱子,梁架制作极为简练,是我国现存的最古老的木结构建筑;此外,北京故宫内也有大量保存完好的木结构建筑。

然而现存的木结构建筑仅是中国古代木结构建筑中的极少数,大量的木结构建筑被人为或自然毁坏了。由于木结构的防腐和防火问题以及木材的再生速度缓慢,我国的新建建筑已经很少采用木结构。

◇1)木材的腐蚀

木材的腐蚀主要是生物腐蚀,包括虫蛀、微生物和腐蚀性真菌的侵蚀。真菌分霉菌、变色菌和腐朽菌 3 种,前两种真菌对木材影响较小,但腐朽菌影响很大。因此木材在使用前,需要进行防蛀防腐处理。木材的防腐方法包括物理防腐、表面防腐、化学防腐和高温处理。

(1)物理防腐主要通过降低木材含水率和保持环境干燥通风来提高木结构防腐性能,含水率小于18%或空气相同湿度小于80%时,木材腐朽菌难以生长和繁殖。物理防腐也是最简单和最常用的木材防腐方法。

(2)表面防腐是通过对木结构、木制品表面涂刷油漆来提高防腐性能。防护涂层使木材与空气和水分隔绝,彻底破坏真菌的生存条件。例如,中国古建筑中对木材涂刷桐油,用以防腐。

(3)化学防腐是指将木材防腐剂注入木材内,把木材变成对真菌有毒的物质,使真菌无法生长和繁殖。常用的木材防腐剂有氯化锌、氟化钠、氟硅酸钠、煤焦油、沥青等。

(4)高温处理,木材在窑炉室里经过250 ℃以上高温处理,消灭真菌与霉菌,使木材含水率为0,然后再调整木材含水率,使其具有良好的防腐和防潮性能。

●2)木材的防火

木材可以燃烧,防火问题也是制约木结构建筑大规模建造的重要原因。因此,木结构建筑和木材的防火极为重要,常用于木材的防火措施如下:

(1)进行阻燃处理,涂刷阻燃剂,如磷系阻燃剂、氮系阻燃剂和硼系阻燃剂等。

(2)涂刷木材用防火涂料。

(3)粘贴无机防火板材,如耐火石膏板和纤维增强水泥板。

除了木材防火,木结构建筑的防火还需要遵循相应的防火规范。

◆ 本章习题

一、单项选择题

(1)用于承重构件以及制作门窗的木材宜选用(　　)。

A. 针叶树种　　B. 阔叶树种　　C. 硬木材　　D. 水曲柳

(2)用于室内装饰和制作家具的木材宜选用(　　)。

A. 针叶树种　　B. 阔叶树种　　C. 软木材　　D. 柏树

(3)木材的表观密度通常以其含水率为(　　)时的表观密度为标准。

A. 10%　　B. 15%　　C. 20%　　D. 0

(4)木材含水率对其强度的影响存在差异,含水率变化对其(　　)几乎没有影响。

A. 抗弯强度　　B. 顺纹抗压强度　　C. 顺纹抗剪强度　　D. 顺纹抗拉强度

(5)木材的湿胀干缩变形主要是由木材细胞壁内的(　　)含量变化引起的。

A. 自由水　　B. 化合水　　C. 吸附水　　D. 结晶水

二、判断题

(1)树木主要由树皮、木质部和髓心3部分组成,木材主要使用树木的髓心部分。(　　)

(2)木材年轮密且均匀,则木材的质量较好。(　　)

(3)木材自由水含量的变化对木材强度和干缩湿胀变形具有显著影响。(　　)

(4)木材的顺纹抗压强度大于其横纹抗压强度。(　　)

(5)木材细胞腔和细胞间隙中无自由水时的含水率称为木材的平衡含水率。(　　)

(6)木材加工或使用前需进行干燥处理,使其含水率接近使用地区的平衡含水率。(　　)

(7)未经防火处理的木构件的耐火极限高于未经防火处理的构件。(　　)

(8)木材含水率变化对其抗弯强度和顺纹抗压强度具有显著影响。(　　)

10 有机高分子材料

❖ 本章导读

有机高分子材料类型众多,学习本章内容时可以选择有代表性的有机高分子材料,从而了解有机高分子材料的共性,更好地了解有机高分子材料的性能特点和应用技术要求。

➢ 知识目标

(1)了解有机高分子材料的概念及分类。
(2)了解常用建筑塑料的种类和应用特点。
(3)了解常用建筑胶黏剂的种类和应用特点。
(4)了解常用建筑涂料的种类和应用特点。

➢ 技能目标

(1)了解常用建筑塑料的技术指标。
(2)了解常用建筑胶黏剂的技术指标。
(3)了解常用建筑涂料的技术指标。

➢ 重点难点释疑

土木工程中常用的有机高分子材料包括塑料、橡胶、合成纤维、胶黏剂和涂料等。从应用的广泛程度和产量而言,高分子材料是继水泥和混凝土、钢材、木材之后的第四大类材料。有机高分子材料类型众多,要掌握有机高分子材料的概念存在较大困难,因此,学习过程中首先需要了解有机高分子材料的共性,才能更好地掌握有机高分子材料的性能特点和应用技术要求。

◇1) **有机高分子材料的特点**

有机高分子材料具有以下特点:

①比强度高,塑料质轻(密度为 0.9 ~ 2.2 g/cm^3,与木材相近)但强度高。

②弹性好,高分子材料受力时产生较大的可以恢复的变形,韧性好,但弹性模量较低。

③绝缘性好,高分子化合物分子中的化学键是共价键,不能导电,具有良好的绝缘性能。

④耐磨性好,具有耐磨特性以及优良的自润滑性,如聚四氟乙烯、尼龙等。

⑤耐腐蚀性好,高分子化合物具有耐酸、耐腐蚀的特性。

⑥耐水性和防潮性好,多数高分子化合物具有很强的憎水性,防水、防潮性能优良。

⑦耐热性与耐火性差,遇热后变形软化,遇火后碳化且通常会释放出有毒烟气。

⑧耐老化性能差,在自然环境中,高温、太阳光(尤其是紫外光)、氧气和水的长期作用都会导致高分子材料性能逐渐劣化,韧性显著降低,这是有机高分子材料的共性问题。

◇2) **建筑塑料**

建筑塑料是用于建筑工程的塑料制品的统称,是以合成高分子化合物或天然高分子化合物为主要基料,与其他原料经混炼,塑化成型,在常温常压下能保持形状不变的产品。

塑料由合成树脂及填料、稳定剂、增塑剂、润滑剂、着色剂等组成,其主要成分是合成树脂。塑料分为热塑性塑料及热固性塑料。在特定温度范围,可以加热软化,遇冷硬化,反复加工的塑料称为热塑性塑料,如聚氯乙烯、聚乙烯、聚丙烯、聚苯乙烯等。受热或因某种条件固化后不能再软化的塑料统称为热固性塑料,如酚醛塑料、氨基塑料等。常用的建筑塑料产品包括各种塑料管线和卷材,如家用水管、塑料地板等。

◇3) **建筑胶黏剂**

胶黏剂在日常生活中使用极为普遍,家用的普通胶水与天然橡胶、环氧树脂等都属于胶黏剂。建筑胶黏剂类型众多,常用的有聚醋酸乙烯酯乳液、丙烯酸酯类胶黏剂、环氧树脂胶黏剂、聚氨酯胶黏剂、氯丁橡胶胶黏剂。需要注意的是,上述几种胶黏剂只是统称,代表着一大类胶黏剂,例如环氧树脂是指分子中含有两个或两个以上环氧基团而相对分子质量较低的高分子化合物,因此环氧树脂胶黏剂品种很多,其分类的方法和分类的指标都尚未统一。

有机溶剂型环氧树脂胶黏剂常用于结构加固和混凝土裂缝修补,但是其耐高温性能较差,低温环境下难以固化,且使用过程中释放出有刺激性气味的气体,严重影响操作人员的健康。为了解决环氧树脂胶黏剂使用过程中释放刺激性气体的问题,开发了水溶性环氧树脂胶黏剂。此外,为了满足特殊应用要求,还开发了一些特种环氧树脂,例如适用于高温环境(≥150 ℃)或极寒环境(≤ -50 ℃)的改性环氧树脂胶黏剂,甚至还有适用于航空航天领域的 300 ℃以上高温环境的耐高温环氧树脂。由于环氧树脂胶黏剂具有这些优异性能,其已成为土木工程、航空航天、汽车、化工、电子等领域不可或缺的材料。

◇4) **建筑涂料**

建筑涂料的应用历史可以追溯至公元前 17 世纪甚至更早时期,桐油、阿拉伯树胶等天然高分子材料和无机颜料已经被用于建筑物涂饰,此外,石灰质涂料也是常用的涂饰材料。但是,目前建筑涂料通常以有机高分子材料为主。

建筑涂料同样类型众多,其主要成分有成膜物质、颜料、溶剂和助剂。常用的建筑涂料包括外墙涂料、内墙涂料、地坪涂料、防水涂料、防火涂料等。高品质外墙涂料的耐用年限可以达到15年,有些功能性涂料甚至还有防污、耐水洗和自清洁功能。建筑涂料的多功能化使其成为土木工程领域重要的功能材料。

◆ 本章习题

一、单项选择题

(1)建筑塑料的主要原材料是(　　)。

A. 合成树脂　　B. 填充剂　　C. 润滑剂　　D. 增塑剂

(2)建筑塑料在土木工程中应用广泛,下列不属于建筑塑料特点的是(　　)。

A. 耐化学腐蚀性强　　B. 比强度高　　C. 比强度低　　D. 导热性低

(3)建筑胶黏剂中的有害物质主要是添加(　　)时引入的。

A. 黏结物质　　B. 增韧剂　　C. 稀释剂　　D. 改性剂

(4)建筑涂料一般含有4种基本成分,其中主要成分是(　　)。

A. 成膜物质　　B. 颜料　　C. 溶剂　　D. 助剂

(5)助剂是建筑涂料的辅助材料,其在建筑涂料中的主要作用是(　　)。

A. 增加涂膜厚度　　B. 降低涂料成本

C. 提高涂膜机械强度　　D. 提高涂料成膜性能

(6)建筑涂料的溶剂又称为稀释剂,下列不属于建筑涂料常用溶剂的是(　　)。

A. 水　　B. 松香水　　C. 酒精　　D. 环氧树脂

二、判断题

(1)按照有机高分子材料的性能,土木工程中常用的有机高分子材料可以分为塑料、橡胶和纤维三大类。(　　)

(2)建筑塑料密度小、比强度高,且具有良好的耐低温性能。(　　)

(3)建筑塑料易老化,因此不能用于室外装饰工程。(　　)

(4)建筑塑料的主要性质取决于所采用的合成树脂。(　　)

(5)固化剂可以促进建筑胶黏剂中黏结物质的化学反应。(　　)

(6)建筑涂料常用的填料有碳酸钙粉和石膏粉。(　　)

11

沥青及沥青混合料

❖ 本章导读

沥青及沥青混合料主要用于道路交通工程。对于土木工程专业,需要熟悉石油沥青的主要组分和技术性质;对于交通工程专业,还需要熟悉沥青混合料的技术性质和配制方法。

➢ 知识目标

(1)熟悉沥青的分类和化学组分。
(2)熟悉石油沥青的主要技术性质。
(3)了解沥青改性的目的和常用方法。
(4)了解沥青混合料的分类、组成材料及技术性质。

➢ 技能目标

(1)能够合理选用石油沥青的品种及型号。
(2)了解石油沥青主要技术性质的测定方法。

➢ 重点难点释疑

11.1 沥青

◇1)沥青的分类

沥青的品种很多,根据来源不同,沥青可以分为地沥青和焦油沥青两大类。

地沥青，包括天然沥青和石油沥青。石油沥青是原油加工提炼石油产品后剩余的残渣再经过加工得到的，工程中应用的主要是石油沥青。

焦油沥青，是有机燃料（煤炭、碳质页岩、油页岩、木材）干馏过程中收集的焦油经过加工后得到的沥青，包括煤沥青、页岩沥青、木沥青和泥炭沥青。

●2）石油沥青的化学组分

石油沥青用途广泛，例如道路沥青、建筑沥青（用于制备防水和防潮材料）、水工沥青和防腐沥青，针对不同用途，石油沥青产品的性能也有差异。化学组分决定了石油沥青的性能，但是石油沥青的组分非常复杂，为了便于分析，通常将其分类为沥青质、胶质、芳香分和饱和分4个组分。

（1）沥青质，含量为5%～25%，是决定石油沥青温度敏感性、黏性的重要组分，其含量越高，沥青的温度敏感性越小，软化点越高，黏性越大，也越硬脆。

（2）胶质，含量为15%～30%，胶质使沥青具有良好的塑性和黏性。

（3）芳香分，含量为20%～50%，由沥青中分子量最低的环烷芳香化合物组成，是分散介质的主要部分。

（4）饱和分，含量为5%～20%，在沥青中主要使胶质—沥青质软化，使沥青体系保持稳定。

●3）石油沥青的技术性质

掌握石油沥青的主要技术性质和技术指标的评定方法是本章学习的重点，石油沥青的技术性质有黏滞性、塑性、温度敏感性、大气稳定性、安全性等。

（1）黏滞性，又称黏性或黏度，是指沥青在外力作用下抵抗变形的能力，是反映沥青材料内部阻碍其相对流动的特性。

（2）塑性，指石油沥青在外力作用下产生变形而不破坏，除去外力后仍能保持变形后的形状的性质。

（3）温度敏感性，指石油沥青的黏滞性和塑性随温度升降而变化的性能，当温度升高时，沥青由固态或半固态逐渐软化成黏流态，当温度降低时，又由黏流态转变成固态至变脆。温度敏感性包括高温敏感性和低温抗裂性。在工程实际应用中，要求沥青具有较高的软化点和较低的脆点，否则容易发生沥青材料夏季流淌或冬季变脆甚至开裂等现象。

（4）大气稳定性（耐久性），指石油沥青在热、阳光、氧气和潮湿等大气因素的长期综合作用下抵抗老化的性能，也是反映沥青材料耐久性的指标，以加热蒸发质量损失百分率和加热前后针入度比来评定。

（5）安全性，沥青加热过程中挥发的油分蒸气与周围空气组成混合气体，遇火焰则发生闪火；如果继续加热，油分蒸气饱和度增加，混合气体遇火焰极易燃烧，可能引发火灾或导致沥青燃烧，因此必须测定沥青的闪点和燃点。闪点，是指加热沥青挥发出可燃气体与空气组成混合气体在规定条件下与火接触，产生闪光时沥青的温度（℃）；燃点（着火点），是指沥青加热产生混合气体与火接触能持续燃烧5 s以上时沥青的温度。闪点和燃点温度相差10 ℃左右。

●4）石油沥青的主要技术指标

道路石油沥青和建筑石油沥青按针入度指标划分牌号，同一品种石油沥青材料，牌号越小,沥青越硬,牌号越大,沥青越软。随着牌号增大,沥青黏性减小(针入度增大),塑性增大(延度增大),温度敏感性增大(软化点降低)。因此,选择满足工程应用要求的沥青,需要测定针入度、延度和软化点等技术指标。

(1)针入度,用来表示石油沥青的黏度,常用针入度仪测定黏稠(半固体或固体)的石油沥青的针入度,针入度越小,黏度越大。

(2)延度,用来表示石油沥青塑性的技术指标,采用延度仪测定。把沥青制成∞字形标准试模,在规定拉伸速度和规定温度下拉断,测定拉断时的长度,即为延度,以 cm 表示。

(3)软化点,沥青材料从固态至液态有一定的变态间隔,故规定以其中某一状态作为从固态转变到黏流态的起点。相应的温度则称为沥青的软化点。软化点表示沥青材料的温度敏感性,一般用环球法测定。

◇11.2 改性石油沥青

采用石油沥青生产防水材料和道路沥青材料时,要求沥青具有良好的低温柔韧性、足够的高温稳定性、良好的抗老化能力、较强的黏附力,以及良好的变形适应性和耐疲劳性能等。为了改善石油沥青性能,通常加入橡胶、树脂、高分子聚合物、磨细的橡胶粉或其他填料等外掺剂(改性剂),或采取对沥青轻度氧化加工等措施。

◇(1)橡胶改性沥青。橡胶与石油沥青有很好的混溶性,使沥青兼具橡胶的很多优点,是石油沥青的重要改性材料。

◇(2)树脂改性沥青。石油沥青中含芳香性化合物较少,使得树脂和石油沥青的相溶性较差,因此常用古马隆树脂、聚乙烯、聚丙烯、酚醛树脂、环氧树脂及天然松香等对沥青改性;树脂改性可提高沥青黏度和软化点,改善高温性能。

◇(3)矿物填料改性沥青。掺加矿物质填料,可以提高沥青的黏性和耐热性,减小沥青的温度敏感性,主要用于生产沥青胶。矿物填料有粉状和纤维状两种,常用的填料有滑石粉、石灰石粉、硅藻土、石棉绒、云母粉、磨细砂、粉煤灰、水泥、高岭土、白垩粉等。掺加矿物填料也是有机高分子材料改性的常用方法。

上述3种沥青改性方法不是孤立的,例如橡胶改性沥青中也可以加入矿物填料。土木工程中使用的石油沥青类产品(防水卷材、密封材料和防水涂料等)主要是采用改性沥青生产,例如氯丁橡胶(CR)改性沥青、丁苯橡胶(SBR)改性沥青、热塑性丁苯橡胶(SBS)改性沥青、再生橡胶改性沥青和无规聚丙烯(APP)改性沥青。

◇(1)CR 改性沥青,可显著改善沥青气密性、低温柔韧性、耐化学腐蚀性、耐光、耐臭氧性、耐候性和耐燃性等。

◇(2)SBR 改性沥青,可显著改善沥青抗变形能力、温度敏感性、低温延度、韧度和韧性以及耐老化性能。

◇(3)SBS 改性沥青,SBS 兼有橡胶和塑料的特性,常温下具有橡胶的弹性,高温下像塑料那样熔融流动。SBS 改性沥青具有优异的高温敏感性和低温抗裂性,既可以用于制作防水卷材和防水涂料,还可以用于路面沥青混合料。

◇(4)再生橡胶改性沥青,可以显著改善石油沥青的气密性、低温柔韧性、耐火性、耐热性和不透气性,主要用于生产防水卷材、密封材料和防水涂料。

◇(5)APP 改性石油沥青,可以作为涂层材料,用聚酯无纺布和玻璃纤维做基胎,则可生产具有良好的弹塑性、耐高温性和抗老化性的 APP 改性沥青卷材。

11.3 沥青混合料

沥青混合料是矿质混合料(简称"矿料")与沥青结合料经拌制而成的混合料的总称,沥青混凝土只是沥青混合料的一种。沥青混合料主要用于道路工程,因此,交通工程专业需要掌握沥青混合料的分类、制备方法、设计方法、组成和结构以及主要技术性质。

◇1)沥青混合料分类

沥青混合料可以按照混合料中掺加的集料的级配和最大粒径分类,也可以按照沥青混合料的拌和与铺筑温度分类(常用方式)。沥青混合料目前主要在搅拌站生产,然后运输到施工现场,类似于商品混凝土的工业化生产模式。沥青混合料按加热方式分为热拌沥青混合料、温拌沥青混合料和冷拌沥青混合料。

(1)热拌沥青混合料(HMA),由矿料、沥青胶结料及添加剂等在较高的温度条件下拌和生产的混合物;通常是将黏稠的道路沥青或改性沥青加热至 150 ~ 170 ℃,矿料加热至 170 ~ 190 ℃,在热态下拌和和铺筑施工。

(2)冷拌沥青混合料(常温混合料),采用乳化沥青、改性乳化沥青、泡沫沥青、液体沥青或低黏度沥青作为结合料,在常温状态下与集料拌和而成,并在常温下摊铺和碾压。

(3)温拌沥青混合料,通过温拌剂的物理或化学作用,沥青及矿料在相对较低的温度下拌和得到的性能不低于同类型材料热拌施工的沥青混合料。温拌沥青混合料的拌和温度比热拌沥青混合料的拌和温度低 30 ~ 60 ℃。

在沥青路面维护和修复过程中,也常用再生沥青混合料。此外,随着改性沥青和沥青混合料生产技术的进步,浇筑式沥青混合料、沥青玛蹄脂碎石混合料、乳化沥青混合料、改性乳化沥青混合料等沥青混合料的生产与应用技术也显著提升。

(1)再生沥青混合料,是指将旧沥青路面经过翻挖、回收、破碎、筛分后与再生剂、新沥青材料、新集料重新拌和而成的混合料。沥青路面的再生利用,能够节约大量的沥青、砂石等原材料,节省工程投资,也有利于处理废料、保护环境。再生沥青混合料适用于各等级公路沥青路面的建设和维修养护工程,可用于沥青面层及柔性基层。

(2)沥青玛蹄脂碎石混合料(SMA),是一种以沥青结合料与少量的纤维稳定剂、细集料以及较多量的填料(矿粉)组成的沥青玛蹄脂,填充于间断级配的粗集料骨架的间隙形成的沥青混合料。

(3)浇筑式沥青混合料,由集料、矿粉和沥青结合料组成,经高温拌和后具有一定流动性、无须碾压、几乎无空隙的沥青混合料。

◇2)沥青混合料的组成和结构

沥青混合料的组成材料包括沥青结合料、集料(粗、细集料)和填料等。

(1)沥青结合料,在混合料中起黏结作用,且能满足一定吸能要求的沥青的总称,包括道路石油沥青、改性沥青、天然沥青、液体石油沥青、乳化沥青、改性乳化沥青、泡沫沥青等。沥青是沥青结合料中最重要的组成材料,其性能直接影响沥青混合料的各种技术性质。

(2)集料,在混合料中起骨架和填充作用的粒料材料,包括天然集料、人工集料或再生集料,如碎石、砾石、矿渣、煤矸石、机制砂、石屑、天然砂等。粒径大于2.36 mm为粗集料,常用的粗集料可以用石灰岩或玄武岩破碎。粒径小于2.36 mm为细集料,细集料采用级配良好、洁净、干燥、无风化的天然砂、机制砂或石屑破碎,细集料与沥青应具有良好的黏结能力。

(3)填料,在沥青混合料中起填充作用的粒径小于0.075 mm的矿物质粉末,通常是石灰岩等碱性料加工磨细得到的矿粉,消石灰、水泥、粉煤灰等矿物质也可作为填料使用。

◇3)沥青混合料的技术性质

沥青混合料铺筑和碾压后形成整体,在使用过程中承受车辆荷载反复作用以及环境作用,因此,除了力学性能,沥青混合料还应具有良好的高温稳定性、低温抗裂性、耐久性、抗滑性、施工和易性等技术性能。

(1)高温稳定性,是指沥青混合料在高温条件下能够抵抗车辆荷载的反复作用,不发生显著的永久变形,保证路面平整度的特性。沥青混合料在高温条件下或长时间承受荷载作用时会产生显著变形,其中不能恢复的部分成为永久变形,是导致沥青路面产生车辙、波浪及拥包等病害的主要原因。沥青混合料的高温稳定性评价试验方法较多,常用车辙试验和马歇尔稳定度试验。

(2)低温抗裂性,随着温度降低,沥青混合料变形能力下降,因此要求沥青混合料具有一定的低温抗裂性能,即要求沥青混合料具有较高的低温强度或良好的低温变形性能。

(3)耐久性,是指沥青混合料在长期的荷载作用和自然因素影响下,保持正常使用状态而不出现剥落和松散等损坏的能力。耐久性包括沥青混合料的抗老化性、水稳定性等综合性质。

(4)抗滑性,高等级公路沥青路面的沥青混合料,其表面应具有一定抗滑性,才能保证汽车高速行驶的安全性。沥青混合料路面的抗滑性与矿质集料的表面性质、混合料的级配组成以及沥青用量等因素有关。

(5)施工和易性,是指沥青混合料在施工过程中是否容易拌和、摊铺和压实的性能。施工和易性主要取决于矿质集料的级配、沥青的品种和用量以及施工环境条件等。

◇4)沥青混凝土路面设计使用年限

沥青混凝土路面的实际使用年限与道路等级、交通量、施工方法、排水条件、养护方式和气候条件等诸多因素有关。沥青混凝土路面设计使用年限主要根据公路等级划分,详见《公路工程技术标准》(JTG B01—2014)表5.0.8。

沥青混凝土路面设计使用年限是指在正常设计、正常施工、正常使用和正常养护条件下,路面、桥涵、隧道结构或结构构件不需要大修和更换即可按其预定目的使用的年限。

高速公路和一级公路,沥青混凝土路面设计使用年限15年。

二级公路,沥青混凝土路面设计使用年限12年。

三级公路,沥青混凝土路面设计使用年限10年。

四级公路,沥青混凝土路面设计使用年限8年。

◆ 本章习题

一、单项选择题

(1)建筑工程常用的是(　　)沥青。

A.煤油　　B.焦油　　C.石油　　D.页岩

(2)工程上使用的沥青应具有良好的(　　),以防止沥青高温流淌或低温脆裂。

A.大气稳定性　　B.温度敏感性　　C.黏性　　D.塑性

(3)评价石油沥青塑性的指标是(　　)。

A.针入度　　B.延度　　C.软化点　　D.闪点

(4)石油沥青加热温度不应超过(　　)。

A.软化点　　B.闪点　　C.燃点　　D.沸点

(5)道路工程和建筑工程使用的石油沥青的牌号是按其(　　)划分的。

A.针入度　　B.软化点　　C.延度　　D.油分含量

(6)建筑石油沥青的牌号越高,则(　　)。

A.黏性越大　　B.塑性越好　　C.耐热性越好　　D.硬度越大

(7)煤沥青与石油沥青相比,具有(　　)的特点。

A.温度稳定性好　　B.塑性更好　　C.大气稳定性好　　D.防腐能力更强

(8)关于沥青混合料骨架-密实结构的特点,下列说法错误的是(　　)。

A.密实度大　　B.黏聚力较高

C.具有较大内摩擦角　　D.结构类型较差

(9)沥青混合料除了强度要求,还应满足(　　)、水稳定性、抗老化性和抗滑性要求。

A.高温稳定性　　B.高温抗裂性　　C.耐水性　　D.坍落度

(10)粗粒式沥青混合料所用集料的最大公称粒径是(　　)。

A.25.0 mm　　B.31.5 mm　　C.40.0 mm　　D.10.0 mm

二、判断题

(1)沥青本身的黏度高低直接影响沥青混合料黏聚力的大小。(　　)

(2)石油沥青的技术牌号越高,其综合性能就越好。(　　)

(3)建筑石油沥青的牌号是按其软化点划分的。(　　)

(4)石油沥青比煤油沥青的毒性大,防腐能力也更强。(　　)

(5)石油沥青的针入度越大,其黏滞性就越大。(　　)

(6)目前公路工程中最常用的是热拌沥青混合料。(　　)

(7)沥青针入度越大,延伸率也越大,软化点越小。(　　)

(8)沥青混合料组成结构分为三类,其中最理想的结构类型是骨架-密实结构。(　　)

(9)改性石油沥青主要用于制备沥青混合料,不能用于制备防水涂料。(　　)

(10)使用沥青混合料铺筑的路面可以不设置伸缩缝。(　　)

12

防水材料

❖　**本章导读**

屋面工程、隧道工程、地下工程的防水施工质量对建筑工程以及其他基础设施的正常服役至关重要,而如何选用适宜的防水材料以及合理的施工工艺,是保证防水工程施工质量的关键。本章重点讲述常用防水卷材和防水涂料的性能,同时介绍防水材料的应用技术要求,从而为正确选用防水材料奠定专业知识基础。

➢　知识目标

(1)熟悉防水材料和防水涂料的分类。
(2)熟悉常用防水卷材的性能及适用范围。
(3)熟悉常用防水涂料的性能及适用范围。

➢　技能目标

(1)能够根据工程应用技术要求合理选用防水卷材。
(2)能够根据工程应用技术要求合理选用防水涂料。

➢　重点难点释疑

◇1)防水材料的分类

防水材料在土木工程领域的应用范围非常广泛,屋面、地下室、隧道等工程的防水、防潮、抗渗、堵漏等,都需要防水材料。防水材料类型众多,包括防水卷材、防水涂料、密封材料、防水砂浆等。常用的有机类防水材料包括沥青基防水材料、橡胶基防水材料、树脂基防水材料等。常用的无机类防水材料包括防水混凝土、水泥基防水砂浆等。有机类防水材料属于柔性防水,无机类防水材料属于刚性防水。相比较而言,有机类防水材料适用范围更广,防水效果更好。

(1)柔性防水,以有机类柔性防水卷材铺贴或以高分子防水材料涂布于防水面形成的防水层。

(2)刚性防水,依靠结构构件自身的密实性或采用防水混凝土等刚性材料作防水层。

◇2)防水卷材的基本性能要求和应用特点

防水卷材,是将改性沥青类或高分子类防水材料浸渍在胎体上以卷材形式提供的防水材料,称为防水卷材。防水卷材根据主要组成材料,分为沥青防水卷材、高聚物改性沥青防水卷材和合成高分子防水卷材;根据胎体分为无胎体卷材、纸胎卷材、玻璃纤维胎卷材、玻璃布胎卷材和聚乙烯胎卷材。常用的防水卷材有三元乙丙橡胶、氯化聚乙烯—橡胶共混、聚氯乙烯等合成高分子防水卷材以及 SBS、APP 改性沥青防水卷材。

防水卷材的主要技术性能要求包括耐水性、温度稳定性、机械强度、延伸性和抗断裂性、柔韧性和大气稳定性等。防水卷材主要采用有机高分子材料、聚合物以及改性沥青制备,其技术性能要求也类似于有机高分子材料和沥青。

防水卷材铺贴速度快,施工工艺较为简单,变形适应能力强,是目前使用最为普遍的防水材料。施工质量是决定防水效果的关键因素,对于外形复杂的基层需要多块拼接,但防水卷材相互搭接处的黏结难度较大,存在漏水隐患。防水卷材漏水后的维修较为困难,任何部位的贯穿性破损、脱胶、漏胶(哪怕是只有一处),都将使整个与其相连贯层面的防水功能全部丧失。由于破损和缺陷部位难以发现,无法进行局部修补,有时候只能重做防水,因此,防水层施工完成后,需要采用良好的排汽和排水措施以及防护和维护措施。

◇3)防水涂料的基本性能要求和应用特点

防水涂料是一种流态或半流态物质,涂布在基层表面,固化成膜后形成具有一定厚度和弹性的连续薄膜,使基层表面与水隔绝,起到防水防潮的作用。防水涂料按液态类型可分为溶剂型、水乳型、反应型 3 种;按其主要成分可分为沥青基防水涂料、高聚物改性沥青防水涂料、合成高分子防水涂料及聚合物水泥防水涂料。防水涂料的主要技术性能要求包括固体含量、耐热度、柔性、不透水性和延伸性。

防水涂料施工技术简单,施工效率高,无须养护,且环境污染小,任何复杂基层都可做成连续整体的防水层。防水涂料的涂布厚度、涂刷工艺、基层处理方式、基层含水率,甚至环境温湿度等因素对其防水效果都具有显著影响,使防水涂料的工程应用效果有时难以达到设计预期。

◆　本章习题

一、单项选择题

(1)采用 SBS 热塑性弹性体材料改性沥青作防水卷材浸渍涂盖层,可提高卷材的(　　)。

A. 弹性和耐疲劳性　B. 拉伸强度　C. 抗紫外线能力　D. 耐水性

(2)关于高聚物改性沥青防水卷材的特性,下列说法错误的(　　)。

A. 具有良好的弹性,温度稳定性好　B. 延伸率高

C. 既可以冷贴施工,又可热熔铺贴　　D. 拉伸强度高

(3)下列材料中不属于改性沥青防水卷材的是(　　)。

A. SBS 防水卷材　B. APP 防水卷材　C. SBR 防水卷材　D. PVC 防水卷材

(4)合成高分子防水卷材的基材不包括(　　)。

A. 合成橡胶　　B. 合成树脂

C. 合成橡胶与合成树脂的共混体　　D. 石油沥青

(5)防水涂料按照(　　)可以分为溶剂型、水乳型和反应型 3 种。

A. 组成材料　B. 液态类型　C. 固体含量　D. 防水性能

二、判断题

(1)加入有机聚合物改性的水泥基防水砂浆属于柔性防水材料。(　　)

(2)与传统沥青防水卷材相比,高聚物改性沥青防水卷材的拉伸强度明显提高。(　　)

(3)沥青基防水涂料的成膜物质就是石油沥青。(　　)

(4)丙烯酸酯防水涂料适用于游泳池等长期浸水建筑物的防水防渗施工。(　　)

(5)丙烯酸酯防水涂料具有不透水也不透气的优点。(　　)

13

绝热材料

❖ 本章导读

绝热材料对降低建筑使用能耗和提高居住舒适度具有重要作用,学习绝热材料首先要熟悉绝热材料的类型和理解绝热材料的热工性质及绝热机理;然后通过学习常用绝热材料的性能特点及其用于建筑保温隔热时的技术要求,理解建筑节能和绿色建筑的概念。

➢ 知识目标

(1)熟悉常用绝热材料的分类。
(2)掌握常用绝热材料的热工性质。
(3)熟悉绝热材料在建筑中应用的基本要求。
(4)了解建筑节能和绿色建筑的基本概念。

➢ 技能目标

(1)能够根据节能工程应用技术要求合理选用绝热材料。
(2)了解建筑节能工程中常用的绝热材料及其主要性能。

➢ 重点难点释疑

13.1 材料的热工性质

●1)绝热材料

绝热材料是保温材料和隔热材料的统称,是指能阻滞热流传递,用于减少结构物与环境热交换的功能材料。隔绝室内热量外流的材料通常称为保温材料,防止室外热量进入室内的材料通常称为隔热材料。衡量绝热材料热工性能的指标主要是导热系数,导热系数越低,表示材料的绝热性能越好。此外,绝热材料用于实际工程时,也可以用传热系数表示绝热材料体系的热工性能,传热系数越小,表示材料体系的绝热性能越好。

通常认为导热系数小于0.175 W/(m·K)的材料属于绝热材料,但是不同的教材给出的绝热材料的常温导热系数限值存在差异,例如有些教材中绝热材料的导热系数限值为0.20 W/(m·K),而有些教材中绝热材料的导热系数限值为0.230 W/(m·K)或0.233 W/(m·K),产生这种差异的原因是绝热材料的定义较为宽泛。通常认为,建筑保温材料的导热系数应不大于0.120 W/(m·K)。实际应用时,相关标准根据绝热材料的类型和应用范围对导热系数限值度作出明确规定。

●2)导热系数

热量传递的基本方式包括传导、对流和辐射,热量传递是自然界中普遍存在的物理现象,可以说,热量传递无处不在,通常用导热系数衡量材料隔绝热量传递的能力。导热系数(λ)是指在稳定条件下,当材料单位厚度(1 m)内的温差为1 ℃时,在1 h内通过1 m^2 表面积的热量。导热系数计算公式为:

$$\lambda = \frac{Q \cdot x}{(T_1 - T_2) \cdot A \cdot t}$$

式中 λ——材料的导热系数,W/(m·K);

Q——材料吸收或放出的热量(总传热量),J;

x——材料的厚度,m;

A——材料的表面积,m^2;

t——热量传递时间,h;

$T_2 - T_1$——材料受热或冷却前后的温差,K。

测量导热系数的方法很多,根据传热机理分为稳态法和非稳态法。稳态法包括平板法、护板法、热流计法等;非稳态法又称瞬态法,包括热线法、热盘法、激光法等。根据测定导热系数的试样形状又可以分为平板法、圆柱体法、圆球法、热线法等。热线法和平板法可以直接测得导热系数。

导热系数是针对均质材料而言的,对于多孔、多层、多结构、各向异性材料,获得的导热系数实际上是综合导热性能的表现,通常也称为平均导热系数。

材料的导热系数受材料分子结构、化学成分、孔隙特征、材料所处环境的温湿度及热流方向影响。理解和掌握上述因素对材料导热系数的影响程度和规律,是掌握绝热材料的热工性能和应用技术特点的基础。

◇3)**传热系数**

传热系数,是指在稳定传热条件下,围护结构两侧空气温差为1 ℃时,单位时间内通过单位面积传递的热量,单位为W/(m^2·K)。传热系数反映传热过程的强弱,表现绝热材料体系的综合绝热性能。例如墙体的传热系数,反映的是墙体材料、砌筑砂浆、抹面砂浆以及墙体构造组成的围护体系的综合热工性能,而不只是反映墙体材料的绝热性能。

对于窗户而言,即使玻璃的导热系数低或热反射率高,但是如果采用普通的金属窗框或者窗框密封性能差,窗户的绝热性能也较差,因此,需要测试传热系数来反映窗户系统的绝热性能。此外,热反射率也可以表征玻璃的绝热性能。传热系数的测定和计算相对较为复杂,对测试环境和样品制作质量要求很高,例如测定墙体的传热系数时不仅需要砌筑整片的墙体,还需要墙体材料温湿度以及测试环境温湿度均达到稳定状态,因此测试传热系数需要较长的时间。

◇4)**热反射率**

投射到物体的热射线中被物体表面反射的能量与投射到物体的总能量之比称为热反射率。能反射全部射线的物体称为白体,其热反射率为1。实际物体的热反射率均小于1,它取决于物体表面的材料、粗糙程度及温度,并与投射到表面的射线波长及入射角度有关。

热量传递可以不通过介质,借助热辐射,真空环境下的热量依然可以传递。热辐射无处不在,因此,能够降低热辐射的玻璃、涂料、薄膜在保温隔热方面发挥了重要的作用,例如建筑或车用镀膜玻璃以及冷屋顶涂料,衡量这些材料热工性能的指标是热反射率。

热反射率的概念常与热吸收率和热透过率关联,热反射率、热吸收率和热透过率三者之和等于1。

●5)**比热容**

比热容是指质量为1 g的材料,当温度升高或降低1 K时所吸收或放出的热量。常见材料中,比热容最大的是水,为4.19 J/(g·K)。通常选择导热系数小、比热容大的材料作为建筑保温材料。比热容计算公式如下:

$$C=\frac{Q}{m\cdot(T_2-T_1)}$$

式中 C——材料的比热容,J/(g·K);

Q——材料吸收或放出的总热量,J;

m——材料的质量,g;

T_2-T_1——材料受热或冷却前后的温差,K。

13.2 绝热材料的分类和性能

绝热材料用途极为广泛,建筑节能工程、暖通空调工程、工业炉窑、航空航天工程等诸多领域都需要绝热材料。为了适应绝热工程的应用要求,多种性能各异的新型绝热材料不断涌现。

●1）绝热材料的分类

按照材料组成，绝热材料可以分为有机绝热材料和无机绝热材料。按照材料形态，绝热材料可以分为多孔状绝热材料、纤维状绝热材料、颗粒状绝热材料和层状（板状）绝热材料。按照绝热材料的使用温度可以分为高温用绝热材料、中温用绝热材料和低温用绝热材料3种。

（1）高温用绝热材料，使用温度大于700 ℃，包括硅酸铝纤维、石英纤维、硅藻土、蛭石、石棉和耐热黏合剂等制品。

（2）中温用绝热材料，使用温度100～700 ℃，包括气凝胶毡、石棉、矿渣棉和玻璃纤维等纤维状绝热材料，以及硅酸钙、膨胀珍珠岩、蛭石和泡沫混凝土等多孔状绝热材料。

（3）低温用绝热材料，使用温度100 ℃以下的保冷工程，例如冷库用的岩棉、聚氨酯保温板等。

●2）无机绝热材料

无机绝热材料是采用矿物质原料做成的松散状、纤维状或多孔状材料，例如水泥基泡沫混凝土、蒸压加气混凝土、岩棉板、珍珠岩、硅藻土等，可加工成板、卷材或套管等形式的绝热制品。无机绝热材料耐久性好、不燃烧，不仅可用于建筑保温隔热，工业炉窑也采用无机绝热材料，例如钢铁冶金炉窑内部使用的无机绝热材料。

无机绝热材料不燃烧，但吸水率或吸湿率较高，含水率增加会导致无机绝热材料的热工性能显著降低，因此，无机绝热材料应用过程中需要采取适宜的防水防潮措施。此外，无机绝热材料的表观密度或堆积密度较大，例如用于墙体和屋面保温的泡沫混凝土和蒸压加气混凝土制品的表观密度通常为300～500 kg/m^3。所以，采用无机绝热材料作为外墙保温隔热材料时，除了防水防潮措施，还需要采取防坠落措施。

●3）有机绝热材料

有机绝热材料是用有机材料（如树脂、软木、木丝、刨花等）制成的，有机绝热材料的密度一般小于无机绝热材料的密度。有机绝热材料吸湿性较大，耐老化性能较差，高温下易分解变质或燃烧，通常适用于温度低于120 ℃的环境。

有机绝热材料密度小，原料来源广，生产成本低，绝热效果好，但是遇火易燃烧和释放有毒有害烟气的问题限制了有机绝热材料的应用，因此，有机绝热材料应用过程中需要采取适宜的防火措施。此外，有机绝热材料用于外墙保温隔热时，需要采取措施防止其在风荷载作用下剥落。

13.3 绝热材料的工程应用

◇1）建筑节能

广义的建筑能耗包括建筑物所用建筑材料的生产与运输能耗、建筑物建造和拆除过程中的能耗，即建筑全寿命周期能耗或建筑全过程能耗。而建筑节能领域所指的建筑能耗，通常指建筑在使用过程中的能源消耗，即建筑运行阶段能耗，包括采暖、空调、照明、炊事等活动的能源消耗，反映城镇民用建筑在使用过程中电力、煤炭、天然气、液化石油气、热力等化石能源和可再生能源的消耗。

建筑节能通常理解为降低建筑物运行阶段的能耗。根据中国建筑节能协会建筑能耗统计专业委员会发布的《中国建筑能耗研究报告(2020)》,按照运行阶段计算,我国的建筑能耗大约为全社会能源消耗总量的21.7%(折合约10亿tce);按照建筑全过程计算,建筑全过程能耗约为全社会能源消耗总量的46.5%(折合约21.47亿tce),如图13.1所示。

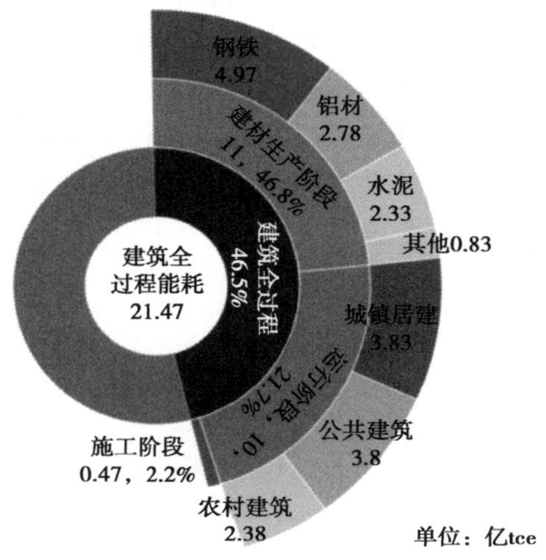

图13.1 2018年我国建筑全过程能耗

[摘自《中国建筑能耗研究报告(2020)》]

为了降低建筑能耗,我国在20世纪末制订了我国建筑节能发展的基本目标:新建采暖居住建筑从1986年起,在1980—1981年当地通用设计能耗水平基础上普遍降低30%,为第一阶段;1996年起在达到第一阶段要求的基础上再节能30%(总节能50%),为第二阶段;2005年起在达到第二阶段要求的基础上再节能30%(总节能65%),为第三阶段。

根据原中华人民共和国建设部2001年10月1日出台的《夏热冬冷地区居住建筑节能设计标准》,节能"基准建筑"是指"20世纪80年代改革开放初期同地区建造的住宅",按该地区居住建筑传统的围护结构,在保证主要居室冬季采暖期室温18 ℃、夏季室温26 ℃的条件下,冬季用能效比为1的电取暖器,夏季用能效比为2.2的空调降温,计算出全年的采暖、空调能耗,并以此作为基础能耗,视为100%。在这个基础上确定新设计建筑的热工、采暖和空调的参数,使建筑能耗降低50%。

◇2)绿色建筑

绿色建筑,是指在全寿命周期内,节约资源,保护环境,减少污染,为人们提供健康、适用、高效的使用空间,最大限度地实现人与自然和谐共生的高质量建筑。

绿色建筑不仅强调节约资源和降低能源消耗,也包含保护环境、降低碳排放、减少污染物排放等概念。建造绿色建筑的目标是为人们提供健康、适用、高效的使用空间,最大限度地实现人与自然的和谐共生。建筑与自然和谐共生是人类社会可持续发展的内在要求。

绿色建筑评价应遵循因地制宜的原则,结合建筑物所在地域的气候、环境、资源、经济和文化等特点,对建筑全寿命期内的安全耐久、健康舒适、生活便利、资源节约、环境宜居5类指标等进行综合评价,详见《绿色建筑评价标准》(GB/T 50738—2019)。

●3）建筑绝热材料

新型绝热材料是推动建筑节能工作顺利实施的核心，实现建筑节能目标首先需要使用性能优异的绝热材料。建筑绝热材料类型众多，通常加工成板材形式用于施工现场，颗粒状绝热材料等生产能耗高或需要现场拌和的保温砂浆类保温隔热材料已经限制或禁止用于建筑工程。常用的建筑绝热材料包括各类有机保温板材、无机保温板材或复合保温板材等，例如膨胀聚苯乙烯保温板、挤塑聚苯乙烯保温板、水泥基泡沫混凝土板、玻化微珠无机保温板等，用于建筑节能工程的绝热材料的防火性能等级不应低于 B1 级。

推广应用新型绝热材料不仅有利于降低建筑能耗，也有利于绿色建材产品的生产与研发。绿色建材是指在全寿命期内可减少对资源的消耗、减少对生态环境的影响，具有节能、减排、安全、健康、便利和可循环的建材产品。

◆ 本章习题

一、单项选择题

（1）下列物质中，导热系数最小的是（　　）。

A. 泡沫混凝土　　B. 合金钢　　C. 低碳钢　　D. 冰

（2）下列物质中，导热系数最大的是（　　）。

A. 泡沫混凝土　　B. 水　　C. 空气　　D. 冰

（3）下列物质中，不宜作建筑物外墙保温隔热材料的是（　　）。

A. 聚氯乙烯泡沫塑料　　B. 泡沫混凝土　　C. 泡沫玻璃　　D. 玻璃棉

（4）建筑用真空镀膜玻璃的作用原理是（　　）

A. 提高热反射率　　B. 降低热传导　　C. 降低热对流　　D. 吸收紫外线

（5）有防火要求的填充墙宜采用下列墙体材料中的（　　）。

A. 烧结黏土砖　　B. 石膏砌块

C. 蒸压加气混凝土砌块　　D. 膨胀聚苯乙烯泡沫板

二、判断题

（1）建筑绝热材料主要通过降低热传导的方式发挥保温隔热作用。（　　）

（2）绝热材料的孔隙率越高，则绝热性能肯定越好。（　　）

（3）纤维材料的堆积密度小于最佳堆积密度时，其导热系数反而增大。（　　）

（4）对于木材等纤维质材料，热流传递方向垂直于纤维方向时，导热系数小。（　　）

（5）蒸压加气混凝土不仅具有良好的绝热性能，还具有良好的耐火性能。（　　）

（6）有机绝热材料耐高温性能差，不能用于 70 ℃以上的环境。（　　）

三、简答题

影响材料导热系数的主要因素有哪些？

14

吸声和隔声材料

❖ 本章导读

本章的学习重点是掌握吸声和隔声材料的作用原理和差异，了解吸声和隔声材料的类型，在此基础上对比学习吸声材料和隔声材料的性能特点。

➢ 知识目标

(1)掌握吸声材料和隔声材料的基本概念。
(2)了解吸声材料和隔声材料的性能特点。

➢ 技能目标

(1)了解常用吸声材料的技术性能。
(2)了解常用隔声材料的技术性能。

➢ 重点难点释疑

●1)吸声材料

吸声系数是评定材料吸声性能的主要指标，平均吸声系数大于0.2的材料，称为吸声材料，吸声系数越高，吸声效果越好。吸声材料通常为轻质、疏松和多孔材料，常用的吸声材料有玻璃棉、岩棉、矿棉等纤维材料及板、毡、石膏板、纤维板等。吸声材料主要用于音乐厅、影剧院、大会堂、播音室等建筑的屋顶和墙面。

吸声材料要与周围传声介质的声特性阻抗相匹配，使声能无反射地进入吸声材料，并使绝大部分入射声被吸收。吸声材料按吸声机理分为多孔吸声材料、柔性吸声材料和多孔板等。

靠从表面至内部许多细小的敞开孔道使声波衰减的多孔吸声材料,以吸收中高频声波为主,有纤维状聚集组织的各种有机或无机纤维及其制品以及多孔结构的开孔型泡沫塑料和膨胀珍珠岩制品。靠共振作用吸声的柔性材料(如闭孔型泡沫塑料)、膜状材料(如塑料膜或布、帆布、漆布和人造革)、板状材料(如胶合板、硬质纤维板、石棉水泥板和石膏板)和穿孔板(各种板状材料或金属板上打孔而制得),分别吸收中频声波、低中频声波、低频声波和中频声波。吸声材料复合使用,可扩大吸声范围,提高吸声系数。

●2)隔声材料

吸声材料通常是轻质多孔材料,而隔声材料通常是厚重密实材料。隔声包括隔绝空气声和固体声,同一种材料,由于面密度不同,其隔声量存在较大的变化。隔声量遵循质量定律,即隔声材料的单位密集面密度越大,隔声量就越大,面密度与隔声量成正比。常见的隔声材料包括隔绝空气声的钢筋混凝土、实心砖、钢板等,以及隔绝固体声的弹性衬垫材料,如软木、橡胶、毛毡、地毯或空气隔离层等。

噪声会严重影响人体健康,因此,建筑物内需要保持良好的声环境,《声环境质量标准》(GB 3096—2008)规定了环境噪声限值,如表14.1所示。在建筑设计和装修过程中需要合理选用隔声材料,从而满足建筑环境噪声限值要求。

表14.1 环境噪声限值

单位:dB

声环境功能区类别	时段	
	昼间	夜间
0类,指康复疗养区等特别需要安静的区域	50	40
1类,指住宅、医疗、教育、科研、办公等需要保持安静的区域	55	45
2类,指商业或集市区域中的住宅等需要保持安静的区域	60	50
3类,指防止工业噪声对周围环境产生严重影响的区域	65	55
4a类,指高速公路,一级公路,二级公路,城市快速路,城市主、次干道,城市轨道交通(地面段),内河航道两侧区域	70	55
4b类,指铁路干线两侧区域	70	60

◆ 本章习题

一、单项选择题

(1)凡6个频率的平均吸声系数大于(　　)的材料称为吸声材料。

A. 45 dB　　B. 0.2　　C. 125 Hz　　D. 0.1

(2)下列材料中,最适宜作建筑物室内吸声材料的是(　　)。

A. 石膏条板　　B. 陶粒混凝土板　　C. 压型钢板　　D. 岩棉板

(3)下列材料中,最适宜作建筑物室内隔声材料的是(　　)。

A. 石膏条板　　B. 钢化玻璃　　C. 普通混凝土　　D. 岩棉板

二、判断题

(1)为了提高电影院和演播厅的音质效果,可以干挂厚重的隔声材料。 ( )

(2)多孔绝热材料的孔隙率越高,其吸声效果必然越好。 ( )

(3)同样厚度的钢板和混凝土板,钢板的隔声效果更好。 ( )

15

建筑装饰材料

❖ 本章导读

建筑装饰材料种类繁多,学习建筑装饰材料需要通过观察和对比生活环境中常见的建筑装饰材料的性能和应用特点,了解建筑装饰材料的作用和分类,从而熟悉建筑装饰材料的技术性能特点和应用要求。

➢ 知识目标

(1)了解建筑装饰材料的作用及分类。
(2)了解常用建筑装饰材料的基本性能特点。

➢ 技能目标

(1)了解建筑装饰石材的技术性能指标。
(2)了解建筑陶瓷的技术性能指标。
(3)了解建筑玻璃的技术性能指标。
(4)了解建筑装饰塑料的技术性能指标。

➢ 重点难点释疑

◇1)建筑装饰材料的分类

建筑装饰材料种类繁多,短时间内掌握所有建筑装饰材料的应用技术要求极为困难,加上学时限制,建筑装饰材料内容通常为选修内容,感兴趣的同学可以自主学习。学习建筑装饰材料的课程内容时,可以分类学习,首先掌握建筑装饰材料的分类和有代表性的装饰材料。

建筑装饰材料按照化学组成分类,可以分为有机装饰材料、无机装饰材料和复合装饰材料等三大类。建筑装饰材料根据应用部位分类,可以分为外墙装饰材料、内墙装饰材料、地面装饰材料和顶棚装饰材料等四大类。

◇2)建筑陶瓷

陶瓷是瓷器、炻器和陶器的统称,瓷器的烧成温度(1 200 ℃以上)最高,陶器的烧成温度(700 ~ 1 000 ℃)最低,炻器的烧成温度介于两者之间。烧成温度也决定了建筑陶瓷的密实度和吸水率等性能。常用的建筑陶瓷包括釉面砖、通体砖、抛光砖、玻化砖、陶瓷锦砖(马赛克)、外墙面砖、地瓷砖、陶瓷壁画、卫生陶瓷和建筑琉璃制品等。

建筑陶瓷色彩多样,图案丰富,装饰效果好,耐久性好,使用年限长,但建筑陶瓷生产能耗高,且需要大量高岭土、黏土和石英矿等矿物材料,在一定程度上限制了建筑陶瓷生产行业的可持续发展。此外,陶瓷外墙面砖自重大,由于外墙砖坠落产生的安全事故也屡见不鲜,很多地区已开始限制甚至禁止高层建筑外立面粘贴陶瓷饰面砖。

◇3)建筑玻璃

建筑玻璃随处可见,用途极为广泛,墙面、屋面、地面都可以采用建筑玻璃制品。常用的建筑玻璃包括平板玻璃、镀膜玻璃、着色玻璃、半钢化玻璃、钢化玻璃、光伏玻璃、真空玻璃、压花玻璃,等等。建筑玻璃的多功能化可以提高装饰效果和建筑节能效果,例如特殊的中空镀膜玻璃,不仅可以调节室内光线,还可以降低太阳光透过率。此外,还有光致色变玻璃等可以自动调节室内光线的功能性玻璃制品。除了满足建筑节能和装饰要求,建筑玻璃在使用过程中尤其需要注意其安全性,例如建筑玻璃防热炸裂、防止人体冲击以及建筑玻璃防坠落等。

为提高玻璃的安全性,除了采用安全玻璃,例如钢化玻璃、夹层玻璃、夹丝玻璃、夹胶玻璃等,还需要采取必要的安全防护措施,详见《建筑玻璃应用技术规程》(JGJ 113—2015)。此外,在建筑设计过程中还需要采取合理措施防止玻璃高空坠落伤人或碎裂玻璃伤人,例如高层建筑的临街面不宜设置外开窗。2004 年 1 月 1 日起施行的《建筑安全玻璃管理规定》要求建筑物需要以玻璃作为建筑材料的下列部位必须使用安全玻璃:

①7 层及 7 层以上建筑物外开窗。

②面积大于 1.5 m^2 的窗玻璃或玻璃底边[①]离装修面小于 500 mm 的落地窗。

③幕墙(全玻幕除外)。

④倾斜装配窗、各类天棚(含天窗、采光顶)、吊顶。

⑤观光电梯及其外围护。

⑥室内隔断、浴室围护和屏风。

⑦楼梯、阳台、平台走廊的栏板和中庭内栏板。

⑧用于承受行人行走的地面板。

⑨水族馆和游泳池的观察窗、观察孔。

⑩公共建筑物的出入口、门厅等部位[②]。

⑪易遭受撞击、冲击而造成人体伤害的其他部位。

---

① 玻璃在框架中装配完毕,玻璃的透光部分与玻璃安装材料覆盖的不透光部分的分界线。

② 包括门玻璃、安装在门上方的玻璃、安装在门两侧的玻璃,其靠近门道开口的竖直边与门道开口的距离小于 300 mm。

除此之外,《民用建筑设计统一标准》(GB 50352—2019)和《住宅设计规范》(GB 50096—2011)等标准也对建筑玻璃的安全性提出了明确要求。

◆ 本章习题

一、单项选择题

(1)建筑装饰玻璃品种多样,属于安全玻璃的是(　　)。

A. 镜面玻璃　　B. 中空玻璃　　C. 普通平板玻璃　　D. 钢化玻璃

(2)马赛克是常见的装饰材料,从材料属性上讲,马赛克属于(　　)。

A. 建筑陶瓷　　B. 天然石材　　C. 金属制品　　D. 水泥制品

(3)建筑装饰用天然石材不宜用于室外装饰的是(　　)。

A. 浮石　　B. 大理石　　C. 花岗石　　D. 人造石材

(4)关于普通玻璃的技术性质,下列描述错误的是(　　)。

A. 透明性好　　B. 热稳定性好　　C. 化学稳定性好　　D. 绝热性好

(5)地砖与外墙面砖相比,必须具有更好的(　　)。

A. 大气稳定性　　B. 抗冻性　　C. 耐磨性　　D. 绝热性

二、判断题

(1)与天然石材相比,人造石材是一种更为经济环保的装饰材料。　(　　)

(2)建筑陶瓷的吸水率都很小。　(　　)

(3)建筑物内需要以玻璃作为建筑材料的部位必须使用安全玻璃。　(　　)

模拟试题(一)

一、名词解释(每小题3分,共15分)

(1)水硬性胶凝材料:

(2)砂率:

(3)水泥的体积安定性:

(4)混凝土的和易性:

(5)吸湿性:

二、填空题(每空1分,共20分)

(1)材料按化学成分可以分为________、________和________三大类。

(2)材料抵抗压力水渗透的性质称为________。混凝土、砂浆用________来表征这种性质。

(3)建筑石膏凝结硬化快,凝结硬化后体积________。

(4)硅酸盐水泥熟料中的主要矿物组分包括________、________、________和________。

(5)矿渣硅酸盐水泥的水化特点是二次水化,首先是________的水化,然后是________的水化。

(6)混凝土进行抗压强度测试时,判断在下述几种情况下,强度实验值是增大还是减小。试件尺寸增大:________;加荷速度加快:________;试件受压面加润滑剂:________。

(7)砖坯在________气氛中焙烧并出窑时,生产出红砖;达到烧结温度后浇水闷窑,使窑内形成________气氛,制得青砖。

(8)混凝土在长期荷载作用下,随时间而增长的变形称为________。

(9)黏土原料中的可溶性盐类(如硫酸钠等),随着砖内水分蒸发而在砖表面产生的盐析现象称为________。

(10)结构设计中,一般将钢材的________作为钢材强度设计值的取值依据。

三、选择题(每小题1分,共10分)

(1)沥青牌号主要是根据(　　)指标来划分。

A. 耐热度　　B. 针入度　　C. 延度　　D. 软化点

(2)矿渣水泥比硅酸盐水泥抗硫酸盐腐蚀能力强的主要原因是(　　)。

A. 水化产物中钙矾石较少

B. 水化反应速度较慢

C. 水化热较低

D. 水化产物中氢氧化钙和水化铝酸钙较少

(3)熟石灰使用前进行陈伏处理的主要目的是(　　)。

A. 有利于硬化　　B. 消除过火石灰的危害

C. 提高浆体的可塑性　　D. 使用方便

(4)材料孔隙率增大后(　　)。

A. 密度减小,表观密度减小　　B. 密度不变,表观密度减小

C. 密度减小,表观密度不变　　D. 密度不变,表观密度不变

(5)砂浆的保水性一般用(　　)表示。

A. 坍落度　　B. 工作度　　C. 沉入度　　D. 分层度

(6)边长为100 mm的混凝土立方体试件标准抗压强度换算系数是(　　)。

A. 1.0　　B. 0.95　　C. 1.05　　D. 0.75

(7)用于高炉基础结构的混凝土,宜选用(　　)。

A. 硅酸盐水泥　　B. 普通硅酸盐水泥　　C. 矿渣水泥　　D. 火山灰水泥

(8)计算混凝土配合比时,水灰比是按(　　)确定的。

A. 混凝土强度及保证率　　B. 拌合物流动性

C. 混凝土强度和耐久性　　D. 混凝土强度和坍落度

(9)下列石膏被称为高强石膏的是(　　)。

A. α型半水石膏　　B. β型半水石膏　　C. 二水石膏　　D. 无水石膏

(10)将砂子分为粗砂、中砂、细砂、特细砂和粉砂的指标是(　　)。

A. 细度模数　　B. 颗粒级配　　C. 分计筛余　　D. 比表面积

四、判断题(对的画"√",错的画"×"。每小题1分,共10分)

(1)材料的导热系数与材料的含水率有关。(　　)

(2)为加速水玻璃的硬化,常加入氟硅酸钠作为促硬剂。(　　)

(3)水玻璃模数越小,其在水中的溶解性越差,而黏结性越好。(　　)

(4)渗透系数越大,表示材料的抗渗性越好。(　　)

(5)矿渣硅酸盐水泥中石膏掺量以SO_3计算不得超过3.5%。(　　)

(6)屈强比越大的钢材强度越高,因此结构的安全度越高。(　　)

(7)绝热材料与吸声材料一样,都需要孔隙结构为封闭孔隙。(　　)

(8)硅酸盐水泥的终凝时间不得大于600 min。(　　)

(9)硅酸盐水泥不宜用于大体积混凝土工程。(　　)

五、简答题(每小题 5 分,共 30 分)

(1)何谓钢材的冷加工强化和时效处理？钢材经冷加工及时效处理后,其机械性能有何变化？工程中对钢筋进行冷加工及时效处理的主要目的是什么？

(2)为什么欠火砖、螺旋纹砖和酥砖不能用于工程？

(3)什么是碱—集料反应？引起碱—集料反应的必要条件是什么？如何防止？

(4)什么是钢材的屈强比？其大小对钢材的使用性能有何影响？

(5)影响混凝土强度的主要因素有哪些？提高强度的主要措施有哪些？

六、计算题(每小题 5 分,共 15 分)

(1)混凝土表观密度为 2 400 kg/m^3,水泥用量 300 kg/m^3,水灰比 0.50,砂率 35%,计算混凝土的质量配合比。(精确到 1 kg)

(2)已知某种建筑材料试样的孔隙率为 28%,此试样在自然状态下的体积为 50 cm^3,质量为 92.30 g,吸水饱和后的质量为 100.45 g,烘干后的质量为 87.10 g。试求该材料的密度、开口孔隙率、闭口孔隙率及含水率。(精确到 0.01)

模拟试题(二)

一、名词解释(每小题 3 分,共 15 分)

(1)活性混合材:

(2)气硬性胶凝材料:

(3)混凝土徐变:

(4)冷拉强化:

(5)混凝土和易性:

二、填空题(每小空 1 分,共 20 分)

(1)混凝土标准养护条件是温度________,相对湿度________。

(2)硅酸盐水泥的初凝时间要求不小于________,终凝时间不大于________。

(3)水泥的体积安定性主要由________、________和________过量而引起。

(4)无机胶凝材料加水拌和,硬化后体积微膨胀的是________,硬化后体积收缩的是水泥、________、________等。

(5)石油沥青的三大技术指标是________、________和________,这 3 个指标分别表示石油沥青的________、________和________。

(6)低碳钢受拉直至破坏,经历了________、________、________和________ 4 个阶段。

三、单项选择题(每小题 1 分,共 10 分)

(1)在保证强度的前提下,若要提高混凝土流动性,不能采用的方法是(　　)。

A. 增加水胶比　　B. 选择适宜的砂率　　C. 机械搅拌　　D. 掺加减水剂

(2)材料吸水后,下列指标会提高的是(　　)。

A. 耐久性　　B. 强度　　C. 密度　　D. 导热系数

(3)下列水泥中最合适用于制作水利大坝用混凝土的是(　　)。

A. 粉煤灰水泥
B. 硅酸盐水泥
C. 铝酸盐水泥
D. 普通硅酸盐水泥

(4)材料的软化系数是指(　　)。

A. 吸水率与含水率之比
B. 材料饱水抗压强度与干燥抗压强度之比
C. 材料受冻前后抗压强度之比
D. 材料饱水弹性模量与干燥弹性模量之比

(5)石膏具有抗火性能的主要原因是(　　)。

A. 石膏的化学稳定性好,高温下不脱水,也不会分解
B. 石膏遇火时,脱水形成的水蒸气幕,可阻止火焰蔓延
C. 石膏结构致密
D. 以上都是

(6)下列措施中,使混凝土内的钢筋更易锈蚀的是(　　)。

A. 减小混凝土水胶比
B. 增加混凝土密实度
C. 掺入阻锈剂
D. 使用海砂生产混凝土

(7)坍落度、水灰比、水泥品种和水泥强度等级这 4 个因素中,影响混凝土强度的主要因素是(　　)。

A. 坍落度、水泥品种、水泥强度等级
B. 水灰比、水泥品种、水泥强度等级
C. 坍落度、水灰比、水泥品种
D. 坍落度、水灰比、水泥强度等级

(8)要提高混凝土的抗冻性,下列外加剂中最合适的是(　　)。

A. 引气剂　　B. 减水剂　　C. 缓凝剂　　D. 速凝剂

(9)一般而言,下列选项中,材料导热系数大小排列正确的一项是(　　)。

A. 金属材料 > 无机非金属材料 > 有机材料
B. 金属材料 < 无机非金属材料 < 有机材料
C. 金属材料 > 有机材料 > 无机非金属材料
D. 无法确定

(10)结构设计时,钢筋强度设计值的取值依据是(　　)。

A. 屈服强度
B. 抗拉强度
C. 冷拉强化后的屈服强度
D. 屈强比

四、判断题(对的画“√”,错的画“×”。每小题 1 分,共 10 分)

(1)屈强比越大,反映钢材受力超过屈服点工作的可靠性越大。(　　)
(2)混凝土坍落度越大,说明其工作性越好。(　　)
(3)其他条件相同时,水泥细度越细,水化速度越快,强度越高。(　　)
(4)钢材的品种相同时,其伸长率 $\delta_{10} > \delta_5$。(　　)
(5)红砖在还原气氛中烧得,青砖在氧化气氛中烧得。(　　)
(6)材料的孔隙率越大,其抗冻性越差。(　　)
(7)砂子的细度模数越大,该砂的级配越好。(　　)
(8)与普通硅酸盐水泥相比,硅酸盐水泥的抗碳化性能较差。(　　)
(9)石灰是气硬性胶凝材料,因而用石灰制得的石灰土只能用于干燥环境。(　　)

(10)海砂不能用于生产混凝土。 (   )

五、简答题(每小题 6 分,共 30 分)

(1)工地上为何常对强度偏低而塑性偏大的低碳盘条钢筋进行冷拉?

(2)为什么生产硅酸盐水泥时掺适量的石膏对水泥不起破坏作用,而硬化的水泥石在受到硫酸盐介质腐蚀后对混凝土有破坏作用?

(3)某公司要利用彩色砂浆装饰卫生间,现场已知有 4 种白色粉末材料:白色水泥、建筑石膏、生石灰粉和白色的石灰石粉。请回答以下问题:

①哪种材料适合用来配制卫生间用的彩色砂浆?选择依据是什么?

②现在由于材料保管不善,包装标签遗失,工人分不清材料种类,请帮助工人尽快区分清楚 4 种材料。

(4)某工地备用红砖,在储存两个月后,尚未砌筑施工就发现有部分砖自裂成碎块,试解释这是因何原因所致?

(5)现有一污水处理池施工工地,经检测地下水环境中硫酸盐浓度很高。工地现有两种水泥:42.5 级矿渣硅酸盐水泥和 42.5 级硅酸盐水泥,请问使用哪种水泥更合适?为什么?

六、计算题(共 15 分)

(1)砂的级配分析试验,称取 500 g 砂,然后通过筛分得到下表中的试验结果。

筛孔直径/mm		4.75	2.36	1.18	0.600	0.300	0.150	<0.150
筛余量/g	第 1 次	5.1	10.2	120.5	250.6	92.6	15.2	5.5
	第 2 次	4.9	10.2	119.5	250.0	92.6	14.6	5..5

① 计算砂的细度模数(精确至 0.1)。(5 分)

② 画出砂的级配曲线(不需要确定级配区间)。(5 分)

(2)某同学设计的混凝土配合比为 1:2.1:4.0,$W/C=0.60$,测试得到混凝土表观密度为 2 410 kg/m^3。求 1 m^3 混凝土各材料用量(精确至 1 kg/m^3)。(5 分)

模拟试题(三)

一、名词解释(每小题3分,共15分)

(1)密度:

(2)塑性:

(3)胶凝材料:

(4)混凝土和易性:

(5)砂率:

二、填空题(每空1分,共20分)

(1)对于轻质多孔材料,当其孔隙率增大时,材料的密度________,表观密度________,吸水性________,导热性________,抗压强度________。

(2)材料的亲水性和憎水性用润湿角 θ 的大小来区分,润湿角 θ ________,这种材料称为亲水性材料。

(3)为了消除熟石灰中________颗粒的危害,石灰浆应在储灰坑中静置2周以上,称为陈伏。

(4)将天然二水石膏置于常压非密闭状态煅烧(107 ~ 170 ℃),得到 β 型结晶的________,再经磨细得到的白色粉状物,称为________。

(5)硅酸盐水泥的主要矿物成分是________、________、________和________。其中水化速度最快的是________,28 d水化放热量最少的是________。

(6)发生碱—集料反应的必要条件有3个:水泥________大于0.6%;集料中含有________;存在充足水分。若没有水分,在干燥状态下________发生碱—集料反应。

(7)保温隔热材料应选择导热系数________,比热容和热容________的材料。

三、判断题(对的画"√",错的画"×"。每小题1分,共10分)

(1)表观密度是指材料在烘干状态下的测定值。 (   )

(2)渗透系数越大,则表示材料的抗渗性越好。 (   )

(3)混凝土是弹塑性材料,同时也是脆性材料。 (   )

(4)二水石膏在水中的溶解度比半水石膏在水中的溶解度大得多。 (   )

(5)水泥颗粒越细,水化反应速度越快,水化热越大,早期强度较低。 (   )

(6)初凝时间不合格的普通硅酸盐水泥为不合格品。 (   )

(7)矿渣水泥可以用于冬季施工及冻融循环的工程。 (   )

(8)延长潮湿养护时间可以显著降低混凝土的最终干燥收缩率。 (   )

(9)混凝土是热的不良导体,其温度变形系数远小于钢材。 (   )

(10)钢材在常温下经过冷加工后,其屈服强度和弹性模量得到提高。 (   )

四、选择题(每小题1分,共10分)

(1)颗粒材料的密度ρ、表观密度ρ_0与堆积密度ρ_0'之间的关系正确的是(   )。

A. $\rho_0>\rho>\rho_0'$　B. $\rho>\rho_0>\rho_0'$　C. $\rho_0'>\rho_0>\rho$　D. $\rho>\rho_0'>\rho_0$

(2)建筑材料的软化系数越大,则其耐水性(   )。

A. 越好　B. 越差　C. 不变　D. 不能确定

(3)关于水玻璃在建筑工程中的应用范围,下列说法不正确的是(   )。

A. 涂刷建筑材料表面　B. 配制耐酸砂浆及耐酸混凝土

C. 防水砂浆及防水混凝土　D. 涂刷或浸渍石膏制品

(4)硅酸盐水泥的适用范围是(   )。

A. 耐热混凝土　B. 受化学侵蚀的混凝土

C. 快硬早强混凝土　D. 大体积混凝土

(5)配制混凝土用砂、石应尽量使(   )。

A. 总表面积大些、总空隙率小些　B. 总表面积大些、总空隙率大些

C. 总表面积小些、总空隙率小些　D. 总表面积小些、总空隙率大些

(6)在混凝土配合比设计中,选用合理砂率的主要目的是(   )。

A. 提高混凝土强度　B. 改善拌合物和易性

C. 节省水泥　D. 节省粗集料

(7)土木工程中主要使用碳素钢中的(   )。

A. 低碳钢　B. 中碳钢　C. 高碳钢　D. 优质钢

(8)沥青牌号主要是根据(   )划分的。

A. 耐热度　B. 软化点　C. 延度　D. 针入度

(9)材料能吸收空气中水分的能力称为(   )。

A. 耐水性　B. 吸湿性　C. 吸水性　D. 渗透性

(10)下述关于绝热材料特征的叙述,错误的是(   )。

A. 几乎所有的绝热材料都有较小的体积密度和较大的孔隙率

B. 优良的绝热材料应具有开通、细小的孔隙特征

C. 有机材料导热系数小于无机材料

D. 绝大多数绝热材料具有吸湿性

五、问答题(每小题 6 分,共 30 分)

(1)绝热材料为什么总是轻质的?为什么绝热材料使用时一定要防潮?

(2)什么是水泥的体积安定性?水泥体积安定性不良的后果是什么?引起水泥体积安定性不良的原因有哪些?为什么硅酸盐水泥中石膏掺量以 SO_3 计算不得超过 3.5%?

(3)进行混凝土抗压试验时,在下述情况下,试验值将如何变化?为什么?

①试件尺寸加大;②试件高宽比加大;③试件受压表面加润滑剂;④试件位置偏离支座中心;⑤加荷速度加快。

(4)配制混凝土时掺入减水剂,在下列条件下可取得什么效果?为什么?

①用水量不变;②减水,但水泥用量不变;③减水又减水泥,但水灰比不变。

(5)材料在荷载长期作用下产生的变形称为徐变。当下列影响因素变化时,混凝土徐变将如何变化?并简述原因。

①加荷时环境湿度降低;②加荷时,混凝土龄期较短;③水灰比增大;④水泥掺量和用水量不变而粗集料用量降低;⑤采用高弹性模量的粗集料。

六、计算题(每小题 5 分,共 15 分)

(1)按照相同配合比成型两组尺寸 100 mm × 100 mm × 100 mm 的轻集料混凝土试件,1 天龄期拆模然后放置在温度(20 ± 2) ℃的不流动饱和石灰水中,养护至 28 天龄期;一组试件从饱和石灰水溶液中取出后,测得破坏荷载分别为 400 kN、300 kN 和 280 kN;另一组试件从饱和石灰水溶液中取出后在 105 ℃烘至绝干状态,测得破坏荷载分别为 390 kN、375 kN 和 360 kN,问此混凝土可否用于浇筑建筑物的基础?

(2)已知某混凝土的水灰比为 0.4,用水量为 180 kg/m^3,砂率为 33%,现场砂、石含水率分别为 3% 和 1%,混凝土拌合料成型后实测其表观密度为 2 400 kg/m^3,试求该混凝土现场施工配合比。

(3)质量为 3.4 kg,容积为 10 L 的容量筒装满干石子后的总质量为 18.4 kg。若向筒内注入水,待石子吸水饱和后,为注满此筒共注入 4.27 kg 水。将上述吸水饱和的石子擦干表面后称得总质量为 18.6 kg(含筒重)。求该石子的吸水率、表观密度、堆积密度、开口孔隙率。

课后习题和模拟试题答案

1　土木工程材料的基本性质

一、单项选择题

(1)C　(2)D　(3)A　(4)B　(5)C　(6)A　(7)C　(8)C　(9)D　(10)A　(11)D　(12)B　(13)D　(14)A　(15)A　(16)D　(17)A　(18)C　(19)B

二、判断题

(1)×　(2)×　(3)√　(4)×　(5)×

三、计算题

(1)答:软化系数 $=180/240=0.75<0.85$,

因此不适合作为结构材料用于长期与水接触的工程部位。

(2)答:质量吸水率 W_m: $W_m=0.1/1.5=6.67\%$

开口孔隙率 $P_{开}$: $P_{开}=10\%$

闭口孔隙率 $P_{闭}$: $P_{闭}=(1-1.5/3.0)-10\%=40\%$。

(3)答:$\rho=2.75\ g/cm^3$, $P=1.5\%$, $\rho_0'=1\ 560\ kg/m^3$

$\rho_0=(1-0.015)\times 2.75=2.71\ g/cm^3$

$P'=1-1.560/2.71=42.4\%$

故此岩石的表观密度为 2.71 g/cm^3 和碎石的空隙率为 42.4%。

(4)答:

①甲材料的孔隙率 $P_{甲}=1-1.4/2.7=48.15\%$

甲材料体积吸水率 $W_{体积}=1\ 400\times 17\%/1\ 000=23.8\%$

②乙材料体积吸水率 $W_{体积}=(m_1-m)/V_0=46.2\%$,已知:$m_1=1\ 862\ kg$, $V_0=1\ m^3$

$m=1\ 400$ kg,乙材料的干表观密度 $\rho_0=1\ 400\ \text{kg/m}^3$,乙材料的孔隙率 $P_{乙}=1-1.4/2.7=48.15\%$

③甲乙两种材料的孔隙率和密度及干表观密度相同,但乙材料的吸水率明显高于甲材料的吸水率,所以甲材料更适宜作外墙材料。

(5)

次数	试样干质量 m_0/g	碎石+水+瓶重 m_1/g	水+瓶重 m_2/g	集料体积 V/cm^3	近似密度 ρ'	近似密度平均值 ρ'
1	1 000	2 378	1 750	372	2.688 g/cm³	2.678 g/cm³
2	1 000	2 328	1 703	375	2.667 g/cm³	

(6)解:$3\ 500\div2\ 630=1.331$;$2-1.331=0.669\ \text{m}^3$

需要 0.669 m³ 的砂方可填满卵石的空隙。

2　气硬性胶凝材料

一、单项选择题

(1)A　(2)D　(3)B　(4)C　(5)B　(6)A　(7)C　(8)A　(9)A　(10)C　(11)C　(12)A　(13)B　(14)C　(15)B　(16)C　(17)C　(18)D

二、判断题

(1)×　(2)×　(3)×　(4)√　(5)×　(6)√　(7)×　(8)×　(9)√

三、问答题

(1)答:土木工程中用来将散粒材料(如砂、石)或块状材料(如砖、砌块、石材)黏结为一个整体的材料,统称为胶凝材料。其中,只能在空气中凝结硬化,也只能在空气中保持或继续发展其强度的胶凝材料称为气硬性胶凝材料。水硬性胶凝材料不仅能在空气中而且能更好地在水中凝结硬化,保持并继续发展其强度。二者主要的区别是气硬性胶凝材料只能在空气中凝结硬化,也只能在空气中保持或继续发展其强度,水硬性胶凝材料不仅能在空气中,而且能更好地在水中凝结硬化,保持并继续发展其强度。

(2)答:石灰石煅烧过程中,若温度太低或煅烧时间不足,碳酸钙不能完全分解,则生成欠火石灰。过火石灰是指在石灰生产过程中若煅烧温度过高或高温持续时间过长时,则会因高温烧结收缩而使石灰内部孔隙率减少,体积收缩,晶粒变得粗大,过火石灰的结构较致密,其表面长被黏土杂质熔融形成的玻璃釉状物所覆盖,致使其水化极慢,要在石灰使用硬化后才开始慢慢熟化,此时产生体积膨胀,引起已硬化的石灰体鼓包开裂破坏。

因为过火石灰颗粒的表面常被黏土杂质融化形成的玻璃釉状物所覆盖,水化极慢,要在石灰使用硬化后才开始慢慢熟化,此时产生体积膨胀,引起已硬化的石灰体鼓包开裂破坏。为了消除熟石灰中过火石灰颗粒的危害,石灰浆应在储灰坑中静置两周以上,即陈伏。石灰在陈伏期间,石灰浆表面保持一层水膜,使之与空气隔绝,防止或减缓石灰膏与二氧化碳发生碳化反应。

(3)答:建筑石膏与适量的水拌和,开始形成可塑性浆体,但很快就会失去塑性并产生强度,发展成为坚硬的固体。首先,半水石膏溶解于水,与水进行水化反应,生成二水石膏。由于二水石膏在水中的溶解度(20 ℃时为2.05 g/L)较半水石膏在水中的溶解度(20 ℃时为8.16 g/L)小得多,所以二水石膏不断从过饱和溶液中沉淀而析出胶体微粒。二水石膏的析出,破坏了原有半水石膏的平衡浓度,这时半水石膏会进一步溶解和水化。如此循环往复,直到半水石膏全部水化为二水石膏为止;随着水化的进行,二水石膏胶体微粒的数量不断增多,它比原来的半水石膏颗粒细得多,即总表面积增大,可吸附更多的水分;同时浆体中的水分因水化和蒸发而逐渐减少。所以浆体的稠度逐渐增大,颗粒之间的摩擦力和黏结力逐渐增加,因为浆体可塑性逐渐减小,表现为石膏的凝结。在浆体变稠的同时,二水石膏胶体微粒逐渐变为晶体,晶体逐渐长大、共生和相互交错,使凝结的浆体逐渐产生强度。随着干燥,内部自由水排出,晶体之间的摩擦力、黏结力逐渐增大,石膏强度随之增加,一直发展到最大值。

(4)答:石灰浆体在空气中逐渐硬化,包括干燥结晶和碳化两个同时进行的过程。

①干燥结晶,石灰浆体因水分蒸发或被吸收而干燥,在浆体内的孔隙网中,产生毛细管压力,使石灰颗粒更加紧密而获得附加强度,但其值不大,且当浆体再遇水时,其强度又会丧失。同时,由于干燥失水引起浆体中$Ca(OH)_2$溶液过饱和,析出$Ca(OH)_2$晶粒。这些晶粒最初被水膜隔开,但随着水分逐渐蒸发,水膜减薄,晶粒长大并彼此靠近,最后交错结合在一起而形成整体。

②碳化,石灰浆表面的$Ca(OH)_2$与空气中的CO_2反应,生成碳酸钙结晶,释放出的水分则被蒸发掉。其反应式为:

$$Ca(OH)_2 + CO_2 + nH_2O \rightarrow CaCO_3 + (n+1)H_2O$$

碳化反应不能在没有水分的全干状态下进行,故反应物中应有一定量的水。

石灰的硬化反应具有由表及里、速度逐渐变慢的特点。随着时间的延长,表层形成的$CaCO_3$薄膜逐渐增厚,会阻止CO_2进入内部深处,因此,在石灰浆的内部将发生$Ca(OH)_2$的结晶作用。由于内部水分蒸发很慢,所以结晶作用进行得很慢,因而石灰浆的硬化是相当缓慢的。

石灰从水化到凝结、硬化继而碳化,这就完成了一个转变循环过程而得到$CaCO_3$。

$CaCO_3$在自然条件下具有较大的稳定性,因此,石灰浆体在碳化后获得最终强度。用气硬性石灰制备的石灰三合土地坪能够抗水,是因其表面有一层碳化膜。古代用石灰砌筑的一些建筑物,至今仍有很高的强度,并非古代石灰质量特别好,而是长期的碳化所致。

(5)答:工业煅烧生石灰的温度通常为1 000~1 100 ℃,温度过低或煅烧时间不足则会生成欠烧石灰(欠火石灰);温度过高或煅烧时间过长则会生成过烧石灰(过火石灰)。过烧石灰水化速度很慢,因此,需要通过充分的熟化消除过火石灰的危害。

生石灰作为原材料用于生产建筑制品时,需要注意过烧石灰对制品体积稳定性的影响,避免过烧石灰后期水化导致开裂问题。此外,高温环境下制备建筑制品或建筑材料时,例如烧结砖和普通硅酸盐水泥,由于原材料中含有的碳酸钙在高温下可能生成过烧石灰,以游离氧化钙的形式存在于烧结砖或水泥中,当游离氧化钙含量超过限值后,也可能产生膨胀开裂等工程问题。因此,理解过烧石灰的水化特点,也有助于理解水泥的安定性问题。

3 水泥

一、单项选择题

(1)A (2)C (3)A (4)C (5)B (6)A (7)A (8)A (9)B (10)C (11)D

(12)B (13)C (14)B (15)C (16)C (17)A (18)D (19)B (20)C (21)B (22)B (23)D (24)A

二、判断题

(1)× (2)× (3)× (4)× (5)×

三、简答题

(1)答:水泥制品在一般使用条件下具有较好的耐久性。但在某些侵蚀介质(软水、含酸或盐的水等)作用下,强度降低甚至造成建筑结构破坏,这种现象称为水泥石的腐蚀。腐蚀的类型主要有:溶出性腐蚀(软水腐蚀)、硫酸盐腐蚀、镁盐的腐蚀、酸类的腐蚀和碱类的腐蚀。

(2)答:雨水、雪水、蒸馏水、工业冷凝水及含 $Ca(HCO_3)_2$ 很少的河水及湖水都属于软水。当水泥石长期与这些水分相接触时,水泥石中的 $Ca(OH)_2$ 最先溶出(每升水中能溶解 1.3 g 以上的 $Ca(OH)_2$)。在静水及无压力水作用下,由于周围的水易被溶出的 $Ca(OH)_2$ 所饱和而使溶解作用停止,溶出仅限于表面,故影响不大。但是,若水泥石在流动的水中或有压力的水中,溶出的 $Ca(OH)_2$ 不断被带走。而且,由于 $Ca(OH)_2$ 浓度继续降低,还会引起其他水化物的分解和溶解。侵蚀作用不断深入内部,使水泥石结构遭受进一步破坏,水泥石中的空隙增大,强度下降,以致全部溃裂。

(3)答:当水泥石与含硫酸或硫酸盐的水接触时,可产生膨胀性的化学腐蚀,如硫酸与水泥石中的 $Ca(OH)_2$ 作用生成的 $CaSO_4 \cdot 2H_2O$ 或直接在水泥石孔隙中结晶膨胀,或再与水泥石中的 C_3AH_6 作用,生成高硫酸型水化硫铝酸钙(AFt,俗称钙矾石)。

当环境水中含有钠、钾、铵等硫酸盐时,它们能与水泥石中的 $Ca(OH)_2$ 起置换作用,生成的 $CaSO_4$ 再与水泥石中固态的 C_3AH_6 作用,生成比原体积增加 1.5 倍以上的 AFt 晶体。其破坏性更大。高硫型水化硫铝酸钙呈针状晶体(AFt),俗称"水泥杆菌",对水泥石的破坏作用极大。

海水及地下水常含有 $MgCl_2$ 等镁盐,它们可与水泥石中的 $Ca(OH)_2$ 发生反应生成易溶于水的 $CaCl_2$ 和无胶结能力的 $Mg(OH)_2$,导致水泥石强度降低甚至破坏。

(4)答:在工业污水、地下水中常溶解有较多的 CO_2。水中的 CO_2 与水泥石中的 $Ca(OH)_2$ 反应所生成的 $CaCO_3$,如继续与含碳酸的水作用,则变成易溶解于水的 $Ca(HCO_3)_2$。由于 $Ca(HCO_3)_2$ 的溶失以及水泥石中其他产物的分解,而使水泥石结构破坏。$CaCO_3$ 再与含碳酸的水作用转变成 $Ca(HCO_3)_2$,属可逆反应。当水中含有较多的碳酸并超过平衡浓度,则上式向右进行。另外,$Ca(OH)_2$ 浓度降低,还会导致水泥石中其他水化物的分解,使腐蚀作用进一步加剧。

(5)答:碱类溶液若浓度不大时一般是无害的,但铝酸盐含量较高的硅酸盐水泥遇到强碱作用后也会破坏。如 NaOH 与水泥石中未水化的铝酸盐作用,可生成易溶的 Na_2CO_3。当水泥石被 $Ca(OH)_2$ 溶液浸透后又在空气中干燥,与空气中的 CO_2 作用生成 Na_2CO_3。Na_2CO_3 在水泥石毛细孔中结晶沉积,而使水泥石胀裂。

(6)答:水泥石的腐蚀是一个极为复杂的物理化学作用过程,在其遭受的腐蚀环境中,很少是一种侵蚀作用,往往是几种同时存在,并互相影响。水泥石腐蚀的因素有构件所处的侵蚀性介质的环境,以及水泥石中存在易被腐蚀的 $Ca(OH)_2$ 和 C_3AH_6。同时,水泥石本身并不密实,存在很多毛细孔通道,使侵蚀性介质易于进入其内部。腐蚀的总体过程是:水泥石的水化产物中 $Ca(OH)_2$ 的溶失,导致水泥石受损,胶结能力降低;或者有膨胀性产物形成,引起胀裂性破坏。

硅酸盐水泥熟料含量高,水化产物中 $Ca(OH)_2$ 和 C_3AH_6 的含量多,抗侵蚀性差,不宜在有腐蚀性介质的环境中使用。

①根据侵蚀环境特点,合理选用水泥品种。选用水化产物中 $Ca(OH)_2$ 含量较少的水泥,可提高对软水等侵蚀作用的抵抗能力。为抵抗硫酸盐的腐蚀,采用 C_3A 含量低于 5% 的抗硫酸盐水泥。

②提高水泥石的密实度,为使水泥石中的孔隙尽量少,应严控硅酸盐水泥的拌和用水量。硅酸盐水泥水化理论上只需水 23% 左右,而实际工程中拌和用水量较大(占水泥质量的 40% ~70%),多余的水蒸发后形成连通的毛细孔,腐蚀介质就易渗透到水泥石内部而加速水泥石腐蚀。为提高水泥混凝土的密实度,应合理设计混凝土的配合比,尽可能采用低水灰比和最优施工方法。此外,在混凝土和砂浆表面进行碳化或氟硅酸处理,生成难溶的 $CaCO_3$ 外壳,或 CaF_2 及硅胶薄膜,也可减少侵蚀性介质的渗入。

设置保护层,用耐腐蚀的石料、陶瓷、塑料、防水材料等覆盖于水泥构件的表面,形成不透水的保护层,以防止腐蚀介质与水泥石直接接触。

(7)答:水泥颗粒的粗细直接影响水泥的水化、凝结硬化、强度及水化热等。通常,水泥颗粒的粒径为 7 ~200 μm。水泥颗粒越细其总表面积越大,与水的接触面积也大,凝结硬化也相应增快,早期强度也高。但过细的水泥硬化时产生的收缩亦较大,同时,水泥磨得越细,耗能越多,成本越高。国家标准要求普通硅酸盐水泥的细度用比表面积表示时应不小于 300 m^2/kg 且不应大于 400 m^2/kg。

(8)答:水泥加水后,水泥颗粒被水包围,其熟料矿物颗粒表面立即与水发生化学反应,生成了一系列新的化合物,并放出一定热量。硅酸盐水泥与水作用后,生成的主要水化产物有水化硅酸钙凝胶(CSH)、水化铁酸钙凝胶(CFH)、$Ca(OH)_2$、水化铝酸钙(C_3AH_6)和钙矾石(AFt)晶体。在完全水化的水泥石中,CSH 凝胶约占 70%,对水泥石的性质影响最大。其次是 $Ca(OH)_2$ 约占 20%,AFt 约占 7%。

为调节水泥的凝结时间,在熟料磨细时应掺加适量石膏,这些石膏与部分水泥水化产物水化铝酸钙反应,生成难溶的水化硫铝酸钙针状晶体(钙矾石,AFt)并伴有明显的体积膨胀。

(9)答:水泥在凝结硬化过程中体积变化的均匀性为水泥的安定性。水泥安定性不良会使水泥构件、混凝土结构产生膨胀性裂缝引起严重的工程事故。

(10)答:引起安定性不良的原因是:水泥熟料中含有过多的游离 CaO 和游离 MgO、石膏掺量过多。生产水泥时,如果石膏掺量过多,水泥硬化后,多余的石膏会与水泥石中固态的水化铝酸钙继续反应生成高硫型水化硫铝酸钙晶体,体积膨胀 1.5 ~2.0 倍,引起水泥石开裂。由于石膏造成的安定性不良需长期在常温水中才能发现,不便于快速检测,因此国家标准规定水泥中石膏掺量以 SO_3 计算不得超过 3.5% 。

(11)答:在水泥的熟料矿物中 C_3A 水化速率最快,当液相中的氢氧化钙浓度达到饱和时,水化生成水化铝酸四钙晶体,在室温下它能稳定存在于水泥浆体的碱性介质中,其数量增长很快,是水泥浆体产生瞬时凝结的主要原因;当有石膏存在时,水化铝酸四钙会立即与石膏反应,生成 AFt,是难溶于水的针状晶体,它包围在熟料颗粒的周围,形成“保护膜”,延缓水化。但如果石膏掺量过多,在水泥硬化后,它还会继续与固态的水化铝酸四钙反应生成高硫型水化硫铝酸钙,体积约增大 1.5 倍,引起水泥石开裂,导致水泥安定性不良。所以制造硅酸盐水泥时必须掺入适量的石膏。

(12)答:水泥的凝结时间、体积安定性以及强度等级都与用水量有很大的关系,为了消除差异和便于比较,测定凝结时间和体积安定性必须采用相同稀稠程度的水泥净浆,即达到相同稀稠程度时,拌制水泥浆的加水量,就是水泥的标准稠度用水量;水泥的强度等级评定则采用相同的用水量。

四、思考题

理解硅酸盐水泥的水化机理和凝结硬化过程,才能正确掌握水泥的技术性能特点和合理选择水泥。不同专业的学生,硅酸盐水泥的水化机理和凝结硬化过程的学习重点有所不同,如何让学生更容易理解水泥复杂的水化机理和凝结硬化过程,是实现本章教学目标需要重点考虑的问题。

硅酸盐水泥的水化主要是组成矿物遇水之后的水化反应,土木工程材料教材中给出了硅酸三钙、硅酸二钙、铝酸三钙和铁铝酸四钙这 4 种主要矿物与水的反应方程式,实际上,硅酸盐水泥的水化也可以理解为酸性氧化物(SiO_2)或两性氧化物(Al_2O_3)与碱性氧化物(CaO)在有水存在时发生酸碱反应,生成硅酸盐和铝酸盐。同时,由于石膏的存在,石膏与两性氧化物(Al_2O_3)和碱性氧化物(CaO)在有水存在时候可以生成 AFt。

此外,二水石膏在水泥凝结硬化过程中发挥着极为重要的作用,水泥熟料粉磨时候需要加入适量的石膏,可以调节水泥的凝结时间。水泥的熟料矿物中 C_3A 水化速率最快,当液相中的氢氧化钙浓度达到饱和时,水化生成水化铝酸四钙晶体,在室温下它能稳定存在于水泥浆体的碱性介质中,其数量增长很快,是水泥浆体产生瞬时凝结的主要原因;当有石膏存在时,水化铝酸四钙会立即与石膏反应,生成高硫型水化硫铝酸钙,是难溶于水的针状晶体,它包围在熟料颗粒的周围,形成"保护膜",延缓水化。但如果石膏掺量过多,在水泥硬化后,它还会继续与固态的水化铝酸四钙反应生成高硫型水化硫铝酸钙,体积约增大 1.5 倍,引起水泥石开裂,导致水泥安定性不良。石膏掺量过低,水泥凝结时间短。

因此,生产硅酸盐水泥时必须掺入适量的石膏。需要注意的是,石膏掺量(以 SO_3 计算)在不同类型的水泥中是不同的,例如快硬硅酸盐水泥中要求 SO_3 含量不大于4%,而硫铝酸盐水泥中 SO_3 含量为8% ~15%。

土木工程材料教材中关于石膏在水泥凝结硬化过程中的作用的观点是传统水化理论,实际上石膏在水泥凝结硬化过程中的作用非常复杂,对于石膏的缓凝机制也存在争议。

4 混凝土

一、单项选择题

(1)B (2)B (3)D (4)B (5)D (6)D (7)C (8)B (9)B (10)B (11)A (12)A (13)B (14)B (15)C (16)D (17)A (18)A (19)A (20)B (21)B (22)D (23)B (24)C (25)A (26)D (27)D (28)A (29)A (30)A (31)C (32)A (33)D (34)B (35)C (36)B (37)C (38)B (39)A

二、判断题

(1)× (2)× (3)× (4)√ (5)√ (6)× (7)√ (8)× (9)× (10)× (11)×(12)× (13)√ (14)× (15)√ (16)× (17)× (18)× (19)× (20)√ (21)× (22)× (23)√ (24)√ (25)× (26)√ (27)√ (28)× (29)×

(30)√ (31)× (32)× (33)× (34)× (35)× (36)√ (37)× (38)× (39)√ (40)√ (41)√ (42)√ (43)× (44)√ (45)× (46)× (47)×

三、计算题

(1)解:求 W: W = 水泥用量 × 水胶比 = 360 × 0.5 = 180 kg/m³

求 S 和 G(通常采用质量法), $C+W+S+G=2400$ ①; $S/(S+G)=S_p$ ②

①和②两式联立,解出 $S=614$ kg/m³, $G=1\ 246$ kg/m³

混凝土质量配合比为:

C: W: S: G = 360: 180: 614: 1 246(kg)或者为 1: 0.5: 1.70: 3.46。

(2)解:水泥用量为 180 ÷0.4 =450 kg

$S+G+450+180=2\ 400$

$S\div(S+G)=33\%$

联立上两式,解出: $S=583.9$ kg, $G=1\ 185.5$ kg

拌合水用量:180 −583.9 ×0.03 −1185.5 ×0.01 =150.6,取值为 151 kg

砂子用量:583.9 ×(1 +0.03) =601.5,取值为 601 kg

石子用量:1185.5 ×(1 +0.01) =1197.3,取值为 1 197 kg

施工配合比,水泥: 水: 砂: 石 =450: 151: 601: 1 197 =1: 0.336: 1.336: 2.660

(3)解:表观密度 =2 750 × (1 −1.5%) =2 708.7 kg/m³

空隙率 =1 −1 560 ÷2 708.7 =42.4%

(4)解:调整配合比后拌合水用量:320 ×0.58 =185.6,取值为 186 kg

调整配合比前的水泥用量:320 ÷1.1 =290.9

由于砂石质量不变,应该用调整配合比前的水泥用量计算砂石质量

砂子质量:290.9 ×2.13 =619.6,取值为 620 kg

石子质量:290.9 ×4.31 =1 253.8,取值为 1 254 kg

(5)解:水泥的质量 $m_{水}$ =310 kg

砂子的质量 $m_{砂}$ =670 ×(1 +5%) =703.5 kg

碎石的质量 $m_{石}$ =1240 ×(1 +2%) =1 264.8 kg

水的质量 $m_{水}$ =178 −670 ×5%-1 240 ×2% =119.7 kg

配合比,水泥: 砂: 碎石: 水 =310: 703.5: 1 264.8: 119.7 =1: 2.27: 4.08: 0.39

(6)解:混凝土试件破坏荷载最大值和最小值与中间值的差值均小于中间值的 15%,三个测试值均为有效值,取 3 个测试值的平均值作为破坏荷载试验结果。

抗压强度试验值:(320 + 300 + 280)/3 = 300,300 × 10³ N/(100 mm × 100 mm) = 30.0 N/mm²

抗压强度代表值:30 ×0.95 =28.5 N/mm²

(7)解:混凝土试件破坏荷载的最大值与中间值的差值大于中间值的 15%,最小值与中间值的差值小于中间值的 15%,试验结果有效,舍去最大值,取中间值作为测试结果

抗压强度试验值:300 ×10³ N/(100 mm ×100 mm) =30.0 N/mm²

抗压强度代表值:30 ×0.95 =28.5 N/mm²

四、简答题

(1)答:当混凝土配合比确定后,其水灰比是一定的,水灰比是混凝土配合比中非常重要

的一个参数,影响混凝土的强度和耐久性等性质。若在混凝土浇注现场,施工人员随意向新拌混凝土中加水,则改变了混凝土的水灰比,使混凝土的水灰比增大,导致混凝土的强度、耐久性降低,所以,应严禁在现场浇注混凝土时,施工人员随意向新拌混凝土中加水。

不矛盾。因为混凝土成型后,混凝土中的水分会不断地蒸发,对混凝土的强度发展不利,为了保证混凝土凝结硬化所需的水分,所以要进行洒水养护。

(2)答:当上述因素变化时,混凝土干燥收缩率将会发生如下变化:

①混凝土中水泥浆含量增加,干缩率增大。干缩变形主要是混凝土中水泥的干缩引起的,故水泥浆含量增加干缩率增大。

②水泥细度增加,干缩率增大。因为水泥细度增加用水量也会增加硬化后毛细孔增大,其干缩值增大。

③集料弹性模量增大,干缩较小。集料对干缩具有制约作用,弹性模量增大这种制约作用也随着增大,因此干缩较小。

④混凝土单位用水量增加干缩增加。用水量增加,硬化后形成的毛细孔越多,其干缩值也越大。

(3)答:当以上试验条件变化时,混凝土测试值将会发生如下变化:

①试件尺寸加大,试验值将偏小;当试件尺寸加大时环箍效应的相对影响较小,此外随着试件尺寸的增大试件内存在裂缝、孔隙和局部软弱等缺陷的概率也增大这些缺陷将减小受力面积和引起应力集中因而强度降低。

②试件高宽比加大,试验值将偏小;因为环箍效应的约束作用是有条件的,通常在离试件两端约$\sqrt{3}/2a$(a为试件横向尺寸)范围之外就消失了,因而试件受压时中间区段已无环箍效应试件出现直裂破坏,强度偏低。

③试件受压表面加润滑剂,试验值将偏小;环箍效应大大减小试件将出现直裂破坏测的强度要降低。

④试件位置偏离支座中心,试验值将偏小;在受压时易失稳产生较大附加偏心使测的强度降低。

⑤加荷速度加快,试验值将偏大。当加荷速度快时,由于变形速度落后于荷载增长的速度,加载速度快时,裂缝来不及扩展,故测得的强度值偏高。

(4)答:配制混凝土时掺入减水剂可以取得如下效果:

①用水量不变时:在原配合比不变的条件下,可增大混凝土拌合物的流动性,且不致降低混凝土的强度;

②减水,但水泥用量不变时:在保持流动性及水泥用量不变的条件下,可减少用水量,从而降低水灰比,使混凝土的强度及耐久性得到提高;

③减水又减水泥,但水灰比不变时,保持流动性及水灰比不变,节约水泥。

(5)答:混凝土的和易性包括流动性、黏聚性和保水性。影响和易性的主要因素有:

①材料品种与用量的影响,包括:水泥品种和用量、水泥浆的数量、水灰比、砂率和外加剂;

②环境温度和湿度;

③工艺对和易性的影响;

④单位用水量和凝结时间。

(6)答:影响混凝土强度的因素包括:水泥强度等级和水灰比;集料的种类、质量和数量;湿度与温度;龄期;试件尺寸、形状及加荷速度。

提高混凝土强度,可以从以下几方面着手:

①选料:采用高强度等级水泥;选用级配良好的集料,以求提高混凝土强度;选用合适的外加剂(如减水剂),可在保证和易性不变的情况下减少用水量,提高混凝土强度,或采用早强剂,可提高混凝土早期强度;掺加矿物外掺料,如掺硅灰,配制高强、超高强混凝土。

②采用机械搅拌和振捣。

③采用合适的养护工艺。

(7)答:实际工程中,不同厂家生产的符合国家标准要求的水泥和外加剂在配制混凝土时,有时不但不能改善混凝土性能,甚至出现负面影响(如混凝土和易性差和凝结时间异常等,这就是水泥与外加剂的相容性问题。相容性好表现为同一配合比条件下获得相同强度等级、相同流动性的混凝土,所需减水剂用量少,混凝土坍落度经时损失小、混凝土拌合物抗离析、抗泌水性好以及凝结时间正常。

(8)答:减水剂的化学结构式和平均分子量;减水剂的磺化程度及相关基团;减水剂掺量与掺入方式;水泥化学和矿物组成,尤其是 C_3A 含量和碱含量;水泥的细度;水泥中硫酸钙的含量与形态;混合材和掺合料的品种、质量和掺量;水泥的温度和存放时间;混凝土的配合比(如水灰比)。

(9)答:上述因素对徐变的影响规律解释如下:

①加荷时环境湿度降低,徐变变大。环境湿度降低,混凝土中水分蒸发变快,毛细孔多,因此徐变变大;

②加荷时,混凝土龄期较短,徐变增长较快。因为在硬化初期由于未填满的毛细孔较多,凝胶移动较为容易,故徐变增长较快;

③水灰比增大,徐变较大。水灰比增大使混凝土中的孔隙及水泥石凝胶孔增多,凝胶移动容易故徐变增大;

④水泥掺量和用水量不变而粗集料用量降低,徐变增大。集料能阻碍水泥石的变形,减少了集料的用量阻碍作用也随着降低,徐变增大;

⑤采用高弹性模量的粗集料,徐变变小。集料弹性模量大抵抗变形的能力强,因此徐变较小。

(10)答:混凝土配合比设计的基本要求如下:

①满足结构设计的强度等级要求;

②满足混凝土施工所要求的坍落度与和易性要求;

③满足工程所处环境对混凝土耐久性的要求;

④符合经济原则,即节约水泥,降低混凝土成本。

(11)答:碱—集料反应是指当水泥中含碱量较高,又使用了活性集料,水泥中的碱便可能与集料中的活性二氧化硅发生反应,在集料表面生成复杂的碱－硅酸凝胶。这种凝胶体吸水时,体积会膨胀,从而改变了集料与水泥浆原来的界面,所生成的凝胶是无限膨胀性的,会把水泥石胀裂。

引起碱—集料反应的必要条件是:①水泥超过安全含碱量(水泥质量的 0.6%);②使用了活性集料;③水。

防止措施:控制水泥中碱含量不超过水泥质量的0.6%(或控制混凝土中碱含量不超过3kg/m^3);选用不含活性二氧化硅的集料;增加混凝土密实性,提高抗渗性和抗裂性,防止水分进入混凝土内部;加入优质掺合料和高性能外加剂等。

(12)答:混凝土的碳化作用是空气中的二氧化碳与水泥石中的氢氧化钙在有水存在的条件下(或适宜的湿度)发生化学作用,生成碳酸钙和水。碳化过程是二氧化碳由表及里向混凝土内部逐渐扩散的过程。碳化对混凝土最主要的影响是使混凝土碱度降低,减弱了对钢筋的保护作用,可能导致钢筋锈蚀。碳化还会引起混凝土收缩(碳化收缩),容易使混凝土的表面产生微裂纹。

(13)答:普通混凝土是由水泥、砂、石和水组成。在混凝土中,砂、石起骨架作用,称为集料;水泥与水形成水泥浆,水泥浆包裹在集料表面并填充其空隙。在硬化前,水泥浆起润滑作用,赋予拌合物一定的流动性,便于施工操作。水泥浆硬化后,则将砂、石集料胶结成一个坚实的整体。砂石材料一般不参与水泥与水的化学反应,主要是节约水泥,承受荷载,限制硬化水泥的收缩,起骨架和填充作用。

(14)答:水泥混凝土常见的耐久性问题包括抗渗性,抗冻性,抗侵蚀性,碳化以及碱—集料反应等。

混凝土耐久性主要取决于组成材料质量、混凝土本身的密实度和施工质量。最关键的仍是混凝土密实度。混凝土密实度高,不仅强度高、界面黏结好,而且水分和侵蚀性介质也难于渗入,耐久性也随之提高。此外,还有混凝土的抗裂性,如果混凝土没有裂缝,则水分和侵蚀性介质也难于进入混凝土内部。

五、讨论题

(1)混凝土的耐久性与其抗压强度之间是否有必然的线性相关关系呢?通常认为混凝土的抗压强度高,耐久性更好。因此,一些工程技术人员通过提高混凝土力学性能来提高混凝土耐久性。提高混凝土力学性能可以改善混凝土的抗冻性、抗渗性甚至是抗氯离子渗透性,但是混凝土的耐久性还包括化学侵蚀方面。对于混凝土化学侵蚀,仅仅通过提高力学性能的方式并不能完全解决混凝土耐久性问题,也就是说,混凝土强度高,并不能代表其耐久性好,尤其不代表其抵抗化学侵蚀的能力强。

实质上,混凝土耐久性与其抗压强度之间并无必然的线性关系(正比),这主要是因为影响混凝土耐久性和力学性能的因素过于复杂。混凝土长期性能和耐久性试验方法中,通常采用抗压强度的降低程度来评价混凝土耐久性,似乎可以理解为混凝土耐久性与抗压强度密切相关。因此,通常认为混凝土抗压强度高,则耐久性更好。对于混凝土抗冻性、抗水渗透性以及抗氯离子渗透性,通常表现为混凝土抗压强度增大,抗冻性以及抗水或抗氯离子渗透性更好。但是,对于混凝土化学侵蚀性能,则混凝土强度高并不能代表其抗化学侵蚀性能好。例如混凝土硫酸盐侵蚀,主要是自然环境中的硫酸盐侵入混凝土内部后与混凝土中的氢氧化钙、铝酸盐甚至还有碳酸盐等发生一系列复杂的化学反应,这类化学侵蚀极为复杂,不仅与硫酸根离子的浓度和类型相关,还与混凝土中的氢氧化钙含量、铝酸盐含量以及石灰石粉等掺合料的掺量相关,甚至还与环境温度有关。例如混凝土发生的碳硫硅钙石侵蚀,就是一种较为少见也发生条件较为苛刻的侵蚀性反应。但是碳硫硅钙石型侵蚀一旦发生,通常无法逆转,会导致混凝土快速溃散,强度完全丧失。

混凝土耐久性是一个复杂的综合性概念,理解混凝土耐久性和力学性能之间的关系,有助于理解水泥的水化反应和机理、混凝土的强度增长与劣化机制以及服役环境和配合比等因素对混凝土物理力学性能的影响。混凝土的抗氯离子渗透性好，通常也可以认为其混凝土抗化学侵蚀的能力强。混凝土的物理力学性能劣化，尤其是化学侵蚀，是外界环境中的侵蚀性介质侵入到混凝土内部与混凝土中的氢氧化钙等化学物质产生反应，如果混凝土极为密实，外界的侵蚀性介质无法进入混凝土内部，则侵蚀性反应就很难发生。因此，提高实际结构的混凝土的耐久性，不仅需要提高混凝土的密实度，还需要保证混凝土不开裂，因为，如果混凝土开裂，则裂缝就会成为侵蚀性介质快速进入混凝土内部的通道，混凝土性能会较快的劣化，内部的钢筋也可能快速锈蚀。

(2)按照现行标准，高强混凝土是指强度等级不小于C60的混凝土，高强混凝土主要强调混凝土的力学性能，对拌合物性能、长期性能和耐久性等指标未做出明确规定。高性能混凝土更强调拌合物和易性与混凝土耐久性和长期性能，并未强调混凝土的强度等级。关于高性能混凝土是否必须是高强混凝土也存在一定的争议，有些观点认为，高性能混凝土也应为高强混凝土，实际上，按照高性能混凝土的定义，较低强度等级的混凝土也可以实现高性能。超高性能混凝土是高强混凝土和高性能混凝土的进一步发展，超高性能混凝土不仅强调超高的强度，也强调超高的耐久性和良好的韧性。根据超高性能混凝土的定义可知，超高性能混凝土是指具有优异抗渗性能、抗拉或/和抗压性能，可有表观应变硬化或软化行为的水泥基复合材料。其中的氯离子扩散系数应不大于$20\times10^{-14}\ m^2/s$、弹性极限抗拉强度不小于5 MPa或/和抗压强度不小于120 MPa，开裂后有表观应变硬化或持力软化行为特征。

高强混凝土、高性能混凝土和超高性能混凝土代表了混凝土发展的3个阶段，也表明了混凝土制备与工程应用技术的发展趋势。

5 建筑砂浆

一、单项选择题

(1)C (2)B (3)A (4)A (5)A (6)D (7)C (8)B (9)B (10)A (11)C (12)C

二、判断题

(1)× (2)× (3)√ (4)× (5)× (6)√ (7)√ (8)× (9)√ (10)√ (11)×

6 墙体材料和屋面材料

一、单项选择题

(1)B (2)C (3)D (4)A (5)A (6)C (7)C (8)C (9)C (10)B (11)C (12)B (13)A (14)A (15)C

二、判断题

(1)× (2)√ (3)× (4)× (5)√

三、简答题

(1)答：因为欠火砖由于烧成温度过低，孔隙率大，故强度低，耐久性差；螺旋纹砖是因为生产中挤泥机挤出的泥条(砖坯)上存有螺旋纹，它在烧结时不易消除而使成品砖上形成螺旋状裂纹，导致受力时易产生应力集中，使砖的强度降低，并且受冻后产生层层脱皮现象；酥砖是由于生产中砖坯淋雨、受潮、受冻，或在焙烧中受热不均（预热过急、冷却太快）等原因，致使成品砖产生大量程度不等的网状裂纹，严重降低砖的强度和抗冻性。所以欠火砖、螺旋纹砖和酥砖均不能用于工程。

（2）答：烧结普通砖泛霜：指砖的原料中的可溶性盐类（如硫酸钠等）在砖使用过程中，随水分蒸发在砖表面产生的盐析现象，称为泛霜。石灰爆裂：当生产砖的原料含有石灰石时，则焙烧砖时石灰石会煅烧成生石灰留在砖内，这时的生石灰为过烧石灰，这些生石灰在砖内会吸收外界的水分，消化并产生体积膨胀，导致砖发生膨胀性破坏。

（3）答：这是石灰水化后膨胀变形导致烧结普通砖爆裂。由于生产砖的原料含有石灰石，焙烧时石灰石会煅烧成过烧生石灰留在砖内，而后吸收外界水分，消化并产生体积膨胀，导致砖发生膨胀性破坏，即裂成碎块。

7 建筑钢材

一、单项选择题

（1）D （2）B （3）C （4）A （5C （6）A （7）C （8）A （9）B （10）A （11）B （12）C （13）A （14）C （15）A （16）A （17）C （18）B （19）C （20）C

二、判断题

（1）√ （2）× （3）× （4）√ （5）× （6）√ （7）√ （8）× （9）× （10）×

三、简答题

（1）答：将钢材于常温下进行冷拉、冷拔或冷轧，使之产生一定的塑性变形，强度明显提高，塑性和韧性有所降低，这个过程称为钢材的冷加工强化。将经过冷拉的钢筋于常温下存放15～20 d，或加热到100～200 ℃并保持2～3 h后，则钢筋强度将进一步提高，这个过程成为时效处理，前者称为自然时效，后者称为人工时效。

（2）答：将钢材于常温下进行冷拉、冷拔或冷轧，使之产生一定的塑性变形，强度明显提高，将钢材于常温下进行冷拉、冷拔或冷轧，使之产生一定的塑性变形，强度明显提高，塑性和韧性有所降低，这个过程称为钢材的冷加工强化。

将经过冷拉的钢筋于常温下存放15～20 d，或加热到100～200 ℃并保持2～3 h后，则钢筋强度将进一步提高，这个过程成为时效处理，前者称为自然时效，后者称为人工时效。通常对强度较低的钢筋可采用自然时效，强度较高的钢筋则需采用人工时效。钢筋经冷拉及时效后，屈服强度得到进一步提高，且抗拉强度也有所提高，塑性和韧性则要相应降低。

（3）答：在实际工程中，钢筋采用冷加工具有明显的经济效益。钢筋经冷拉后，一般屈服点可提高20%～25%，冷拔钢丝屈服点可提高40%～90%，由此即可适当减少钢筋混凝土结构设计截面，或减少混凝土中配筋数量，从而达到节约钢材的目的。此外，以盘条形式供应的钢筋进行冷拉还可以达到调直和除锈的目的。

（4）答：①钢材的屈强比：钢材的屈服强度σ_s与极限抗拉强度σ_b之比为屈强比σ_s/σ_b。②其大小对使用性能的影响：屈强比越小，反映钢材受力超过屈服点工作时的可靠性越大，因而结构安全性高；但屈强比太小，钢材不能被有效利用，造成浪费；屈强比过高，钢筋受力时超过屈服应力后就快速达到极限强度，结构偏于不安全。

（5）答：根据钢材表面与周围介质的不同作用，锈蚀可分为以下两类：

①化学锈蚀。钢材直接与周围介质发生化学反应而产生的锈蚀称为化学锈蚀。这种锈

蚀多数是氧化作用,使钢材表面形成疏松的氧化物。在常温下,钢材表面形成一薄层钝化能力很弱的氧化保护膜 FeO,它疏松,易破裂,有害介质可进一步渗入而发生反应,造成锈蚀。在干燥环境下,锈蚀进展缓慢。但在温度或湿度较高的环境条件下,这种锈蚀进展加快。

②电化学锈蚀。由于金属表面形成原电池而产生的锈蚀称为电化学锈蚀。钢材本身含有铁、碳等多种成分,由于这些成分的电极电位不同,形成许多微电池。在潮湿空气中,钢材表面将覆盖一层薄的水膜。在阳极区,铁被氧化成 Fe^{2+} 进入水膜,因为水中溶有来自空气的氧,故在阴极区氧将被还原成 OH^-,两者结合成为不溶于水的 $Fe(OH)_2$,并进一步氧化成为疏松而易剥落的红棕色铁锈 $Fe(OH)_3$.。

(6)答:防止钢筋锈蚀的方法有:

①保护层。在钢材表面施加保护层,使其与周围介质隔离,从而防止锈蚀。保护层可分为两类:金属保护层和非金属保护层。金属保护层是用耐蚀性很强的金属,以电镀或喷镀的方法覆盖在钢材表面,如镀锌、镀锡、镀铬等。非金属保护层是用有机或无机物质做保护层。常用的是在钢材表面涂刷各种防锈涂料。此法简单易行,但不耐久。此外,还可采用塑料保护层、沥青保护层及搪瓷保护层等。

②制成合金钢。钢材的化学成分对耐锈蚀性有很大影响。如在钢加入合金元素钛、铜制成不锈钢,可以提高耐锈蚀的能力。

③混凝土配筋的防锈措施,主要是根据结构的性质和所处的环境条件来,考虑混凝土的质量要求,即限制水灰比和水泥用量,并加强施工管理,以保证混凝土的密实性,以及有足够的保护层厚度和限制氯盐外加剂的掺用量也可掺用防锈剂。

(7)答:钢材的锈蚀指钢的表面与周围介质发生化学反应而遭到破坏。锈蚀不仅使钢材的有效截面减小,浪费钢材,而且会形成不同程度的锈坑、锈斑,造成应力集中,加速结构破坏;如果受到冲击荷载、循环交变荷载作用,将产生锈蚀疲劳现象,使钢材的疲劳强度大大降低,甚至出现脆性断裂。此外,混凝土中的钢筋锈蚀,会导致构件局部破损或产生裂缝,导致构件承载力降低。

四、计算题

答:$\sigma_s = F_s/A = 106.5 \times 10^3/201 = 530$ MPa

$\sigma_b = F_b/A = 95.2 \times 10^3/201 = 475$ MPa(精确至 5 MPa)

$\delta = (L - L_0)/L_0 = (95 - 80)/80 \times 100\% = 19\%$(精确至 1%)

8 石材

一、单项选择题

(1)C (2)D (3)D (4)D (5)D (6)A (7)B (8)A (9)C (10)B

二、判断题

(1)× (2)√ (3)√ (4)√ (5)×

9 木材

一、单项选择题

(1)A (2)B (3)B (4)D (5)C

二、判断题

(1)× (2)√ (3)× (4)√ (5)× (6)√ (7)√ (8)×

10 有机高分子材料

一、单项选择题

(1)A (2)C (3)C (4)A (5)D (6)D

二、判断题

(1)√ (2)× (3)× (4)√ (5)√ (6)√

11 沥青和沥青混合料

一、单项选择题

(1)C (2)B (3)B (4)B (5)A (6)B (7)D (8)D (9)A (10)B

二、判断题

(1)√ (2)√ (3)× (4)√ (5)× (6)× (7)√ (8)√ (9)× (10)√

12 防水材料

一、单项选择题

(1)A (2)C (3)D (4)D (5)B

二、判断题

(1)× (2)√ (3)√ (4)× (5)×

13 绝热材料

一、单项选择题

(1)A (2)D (3)C (4)A (5)A

二、判断题

(1)× (2)× (3)√ (4)√ (5)√ (6)×

三、简答题

答:影响材料导热系数的主要因素有材料的物质构成、微观结构、孔隙构造、温度、湿度和热流方向。

物质构成:金属材料导热系数大,无机非金属材料次之,有机材料导热系数最小。

微观结构:化学组成相同的材料,晶体结构的材料的导热系数最大,微晶结构次之,玻璃体结构最小。

孔隙构造:孔隙率小的材料其导热系数较大;在孔隙率相同时,具有细小孔隙或封闭孔隙的材料,导热系数较小。

湿度:因为固体导热最好,液体次之,气体最差,因此,材料受潮会使导热系数增大,若水结冰,由于冰的导热系数比水大,材料导热系数会进一步增大,为了保证保温隔热效果,绝热材料要特别注意防潮。

温度:材料的导热系数随温度升高而增大,因此,绝热材料在低温下使用效果更佳。

热流方向:对于木材等纤维状材料,热流方向与纤维排列方向垂直时材料的导热系数要小于平行时的导热系数。

14　吸声和隔声材料

一、单项选择题

(1)B　(2)A　(3)C

二、判断题

(1)×　(2)×　(3)√

15　建筑装饰材料

一、单项选择题

(1)D　(2)A　(3)C　(4)D　(5)C

二、判断题

(1)×　(2)×　(3)√

模拟试题(一)

一、名词解释

(1)水硬性胶凝材料:与水混合后,不仅能在空气中,而且能更好地在水中凝结硬化,保持并发展其强度的胶凝材料。

(2)砂率:是指混凝土中砂的质量占砂、石总质量的百分数。

(3)水泥的体积安定性:水泥在凝结硬化过程中体积变化是否均匀的性能。

(4)混凝土的和易性:又称工作性,是指混凝土拌合物易于施工操作(拌和、运输、浇灌、捣实)并能获得质量均匀,成型密实的性能,包括流动性、黏聚性、保水性 3 个方面。

(5)吸湿性:材料在一定温度和湿度下吸附水分的能力。

二、填空题

(1)无机材料、有机材料、复合材料;

(2)抗渗性、抗渗等级(此处填写“渗透系数”为错)

(3)微膨胀

(4)C_3S(硅酸三钙)、C_2S(硅酸二钙)、C_3A(铝酸三钙)、C_4AF(铁铝酸四钙)

(5)水泥熟料(水泥、熟料、硅酸盐熟料、C_3S 和 C_2S 均算对)、矿渣(或活性混合材)

(6)减小、增加、减小

(7)氧化、还原

(8)徐变

(9)泛霜

(10)屈服强度

三、选择题

(1)B　(2)D　(3)B　(4)B　(5)D　(6)B　(7)C　(8)C　(9)A　(10)A

四、判断题

(1)√　(2)√　(3)×　(4)×　(5)×　(6)×　(7)×　(8)×　(9)√

五、简答题

(1)答:将钢材于常温下进行冷拉、冷拔或冷轧,使之产生一定的塑性变形,强度明显提高,塑性和韧性有所降低,这个过程称为钢材的冷加工强化。

将经过冷拉的钢筋于常温下存放15~20 d,或加热到100~200 ℃并保持2~3 h后,则钢筋强度将进一步提高,这个过程成为时效处理,前者称为自然时效,后者称为人工时效。通常对强度较低的钢筋可采用自然时效,强度较高的钢筋则需采用人工时效。钢筋经冷拉及时效后,屈服强度得到进一步提高,且抗拉强度亦有所提高,塑性和韧性则要相应降低。

在工程中,钢筋采用冷加工具有明显的经济效益。钢筋经冷拉后,一般屈服点可提高20%~25%,冷拔钢丝屈服点可提高40%~90%,由此即可适当减少钢筋混凝土结构设计截面,或减少混凝土中配筋数量,从而达到节约钢材的目的。

(2)答:欠火砖由于烧成温度过低,孔隙率大,故强度低,耐久性差;螺旋纹砖是生产中挤泥机挤出的泥条(砖坯)上存有螺旋纹,在烧结时不易消除而使成品砖上形成螺旋状裂纹,导致受力时易产生应力集中,使砖的强度降低,并且受冻后产生层层脱皮现象;酥砖是生产中砖坯淋雨、受潮、受冻,或在焙烧中受热不均(预热过急、冷却太快)等原因,致使成品砖产生大量程度不等的网状裂纹,严重降低砖的强度和抗冻性。所以欠火砖、螺旋纹砖和酥砖均不能用于工程。

(3)答:碱集料反应是指当水泥中含碱量较高,又使用了活性集料,水泥中的碱便可能与集料中的活性二氧化硅发生反应,在集料表面生成复杂的碱—硅酸凝胶。这种凝胶体吸水时,体积会膨胀,从而改变了集料与水泥浆原来的界面,所生成的凝胶是无限膨胀性的,会把水泥石胀裂。

引起碱集料反应的必要条件是:①水泥超过安全含碱量(水泥质量的0.6%);②使用了活性集料;③水。

防止措施:控制水泥中碱含量不超过水泥质量的0.6%(或控制混凝土中碱含量不超过3 kg/m^3);选用不含活性二氧化硅的集料;增加混凝土密实性,提高抗渗性和抗裂性,防止水分进入混凝土内部;加入外加剂和优质掺合料等。

(4)答:钢材的屈强比是指钢材的屈服强度σ_s与抗拉强度σ_b之比,为σ_s/σ_b。

其大小对使用性能的影响有屈强比越小,反映钢材受力超过屈服点工作时的可靠性越大,因而结构安全性高;但屈强比太小,钢材不能被有效利用,造成浪费。

(5)答:影响因素有①水泥强度等级和水灰比;②集料的种类、质量和数量;③湿度与温度;④龄期;⑤试件尺寸、形状及加荷速度。

提高混凝土强度,可以从以下两方面着手:①选料。采用高强度等级水泥;选用级配良好的集料,以求提高混凝土强度;选用合适的外加剂(如减水剂),可在保证和易性不变的情况下减少用水量,提高混凝土强度,或采用早强剂,可提高混凝土早期强度;掺加矿物外掺料,如掺硅灰,配制高强、超高强混凝土。②采用机械搅拌和振捣,并采用合适的养护工艺。

六、计算题

(1)解:水的用量为:$W=300\times0.50=180\ kg/m^3$

根据砂率有:$S/(S+G)=35\%$

按照质量法:$300+180+S+G=2400$

解得:$S=672\ kg/m^3$,$G=1\ 248\ kg/m^3$

答:混凝土的配合比为:水泥300 kg/m^3、砂672 kg/m^3、石1 248 kg/m^3、水180 kg/m^3。

(2)解:$\rho=m/V=87.10/50(1-0.28)=2.42g/cm^3$

$P_{开} = V_{水}/V_0 = (100.45 - 87.10)/50 = 0.267 = 26.70\%$

$P_{闭} = P - P_{开} = 28\% - 26.7\% = 1.30\%$

$W = (m_{饱} - m)/m = (92.30 - 87.1)/87.10 = 5.97\%$

模拟试题(二)

一、名词解释

(1)活性混合材:本身与水不反应或反应很慢,但磨细后在激发条件下,加水拌合后能发生化学反应,在常温下能生成具有水硬性胶凝物质的矿物材料,称为活性混合材。

(2)气硬性胶凝材料:只能在空气中凝结硬化,也只能在空气中保持并发展其强度的胶凝材料。

(3)混凝土徐变:混凝土在长期荷载作用下,沿着作用力的方向的变形会随着时间不断增长,这种长期荷载作用下的变形就叫徐变。

(4)冷拉强化:将钢材在常温下进行冷拉,使其产生塑性变形,从而提高屈服强度,称为冷加工强化。

(5)混凝土和易性:是指混凝土拌合物易于施工操作(拌和、运输、浇灌、捣实)并能获得质量均匀,成型密实的性能,包括流动性、黏聚性和保水性三方面的含义。

二、填空题

(1)为 20 ±2 ℃、≥95%。

(2)45 min、390 min。

(3)游离 CaO、游离 MgO、SO_3。

(4)石膏、石灰、菱苦土。

(5)针入度、延度、软化点,黏度(黏滞性)、塑性、温度敏感性。

(6)弹性阶段、屈服阶段、强化阶段、颈缩阶段。

三、单项选择题

(1)A (2)D (3)A (4)B (5)B (6)D (7)B (8)A (9)A (10)A

四、判断题

(1)× (2)× (3)× (4)× (5)× (6)× (7)× (8)× (9)× (10)×

五、简答题

(1)答:对钢筋冷拉可提高其屈服强度,提高钢筋使用率,同时达到调直除锈的目的。

(2)答:生产硅酸盐水泥时掺适量石膏是为了延缓 C_3A 水化速度从而起到缓凝作用,在初始反应阶段石膏和水化铝酸三钙反应后体积虽有膨胀,但此时水泥混凝土尚具有可塑性,内部体积膨胀不会导致混凝土开裂。

但水泥石受到外界硫酸盐侵蚀时,水泥石已经是有强度的固体,外部硫酸盐侵蚀后内部体积膨胀,导致水泥混凝土开裂。

(3)①答:白色水泥最适合。因白色水泥是水硬性胶凝材料,适合于卫生间等潮湿环境,建筑石膏和石灰是气硬性胶凝材料,白色石灰石粉无胶凝性,都不合适。

②答:在 4 种材料中加水搅拌,加水后马上水化迅速,放出大量热量的是石灰;剩下几种材料中在几分钟内凝结硬化的是建筑石膏;至少 45 min 后才凝结硬化的是白色水泥,一直不凝结的是白色石灰石粉。

(4)答:这是石灰爆裂的现象。生产砖的原料含有石灰石,焙烧时石灰石会煅烧成过烧生石灰留在砖内,而后吸收外界水分,消化并产生体积膨胀,导致砖发生膨胀性破坏,即裂成碎块。

(5)答:应选择42.5级矿渣硅酸盐水泥。因为矿渣水泥水化产物中 $Ca(OH)_2$ 和水化铝酸钙含量相对较少,在硫酸盐侵蚀环境中的耐腐蚀性能好。

六、计算题

(1)

①解答结果见下表:

筛孔尺寸/mm		第1次	第2次	第1次分计筛余/%	第2次分计筛余/%	第1次累计筛余/%	第2次累计筛余/%	平均累计筛余/%
4.75	A_1	5.1	4.9	1.02	0.98	1.02	0.98	1
2.36	A_2	10.2	10.2	2.04	2.04	3.06	3.02	3.0
1.18	A_3	120.5	119.5	24.1	23.9	27.16	26.92	27.0
0.6	A_4	250.6	250	50.12	50.0	77.28	76.92	77.1
0.3	A_5	92.6	92.6	18.52	18.52	95.8	95.44	95.6
0.15	A_6	15.2	14.6	3.04	2.92	98.84	98.36	98.6
<0.150	A_7	5.5	5.5	1.1	1.1	99.94	99.46	99.7

② $$细度模数=\frac{A_2+A_3+A_4+A_5+A_6-5A_1}{100-A_1}=3.0$$

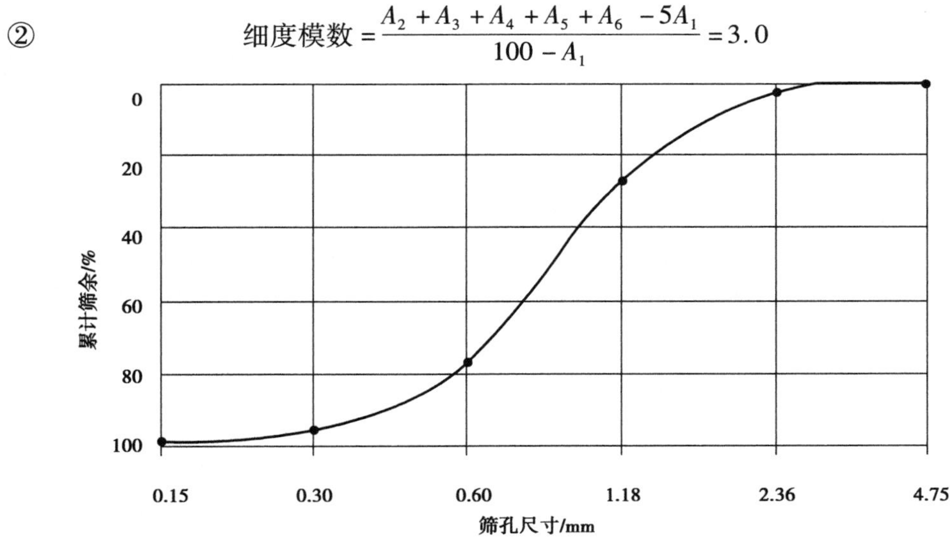

(2)答:计算水泥用量:$C+2.1C+4.0C+0.60C=2410$,$C=313\ kg/m^3$

由此计算可得:$S=657\ kg/m^3$,$G=1\ 252\ kg/m^3$,$W=188\ kg/m^3$

模拟试题(三)

一、名词解释

(1)材料在绝对密实状态下,单位体积的质量。

(2)材料在外力作用下产生变形,当取消外力后,仍保持变形后的形状,并不产生裂缝的性质称为塑性。

(3)土木工程中用来将砂,石子等散粒材料或砖、砌块、石材等块片状材料黏结为一个整体的材料。

(4)混凝土拌合物易于施工操作(拌和、运输、浇灌、捣实)并能获得质量均匀,成型密实的性能,包括流动性、黏聚性和保水性三方面的含义。

(5)混凝土集料中砂的质量占砂、石总质量的百分率。

二、填空题

(1)不变、下降、不定、下降、降低;

(2)≤90°

(3)过火石灰

(4)半水石膏、建筑石膏。

(5)硅酸二钙、硅酸三钙、铝酸三钙、铁铝酸四钙、铝酸三钙、硅酸二钙

(6)含碱量、活性二氧化硅、不会

(7)小、大

三、判断题

(1)×　(2)×　(3)√　(4)×　(5)×　(6)√　(7)×　(8)×　(9)×　(10)×

四、选择题

(1)B　(2)A　(3)D　(4)C　(5)C　(6)B　(7)A　(8)D　(9)B　(10)B

五、简答题

(1)答:热在本质上是组成物质的分子、原子和电子等在物质内部的移动、转动和振动所产生的能量。在任何介质中,当存在着温度差时,就会产生热的传递现象,热能将由温度较高的部分传递至温度较低的部分。传热的基本方式有热传导、热对流和热辐射三种。一般来说,3 种传热方式总是共存的。材料的导热,以空气的导热最慢,导热系数最小,仅为 0.023 W/(m·K),远远小于固体材料的导热系数,故绝热材料多为多孔材料,孔隙率大,所以轻质。但当绝热材料吸水或吸潮后,会使孔隙中充满水分,而水的导热系数为 0.60 W/(m·K),是空气导热系数的 20 余倍,使材料的导热增加,降低了绝热材料的保温、隔热效果,所以绝热材料在使用时一定要防潮。

(2)答:水泥在凝结硬化过程中体积变化的均匀性为水泥的安定性。水泥安定性不良会使水泥构件、混凝土结构产生膨胀性裂缝引起严重的工程事故。引起安定性不良的原因如下:

水泥熟料中含有过多的游离 CaO 、游离 MgO 或石膏掺量过多。游离 CaO 、游离 MgO 与水反应生成 $Ca(OH)_2$ 和 $Mg(OH)_2$,体积膨胀,导致混凝土开裂。生产水泥时,如果石膏掺量过多,水泥硬化后,多余的石膏会与水泥石中固态的水化铝酸钙继续反应生成高硫型水化硫铝酸钙晶体,体积膨胀 1.5~2.0 倍,引起水泥石开裂。由于石膏造成的安定性不良需长期在常温水中才能发现,不便于快速检测,因此国家标准规定水泥中石膏掺量以 SO_3 计算不得超过 3.5% 。

(3)答:①试件尺寸加大,试验值将偏小;当试件尺寸加大时环箍效应的相对影响较小,此外随着试件尺寸的增大试件内存在裂缝、孔隙和局部软弱等缺陷的概率也增大这些缺陷将减

小受力面积和引起应力集中因而强度降低。

②试件高宽比加大,试验值将偏小;因为环箍效应的约束作用是有条件的,通常在离试件两端约$\sqrt{3}/2a$(a为试件横向尺寸)范围之外就消失了,所以试件受压时中间区段已无环箍效应试件出现直裂破坏,强度偏低。

③试件受压表面加润滑剂,试验值将偏小;环箍效应大大减小试件将出现直裂破坏测的强度要降低。

④试件位置偏离支座中心,试验值将偏小;在受压时易失稳产生较大附加偏心使测的强度降低。

⑤加荷速度加快,试验值将偏大。当加荷速度快时,由于变形速度落后于荷载增长的速度,故测得的强度值偏高。

(4)答:①用水量不变时:在原配合比不变的条件下,可增大混凝土拌合物的流动性,且不致降低混凝土的强度;②减水,但水泥用量不变时:在保持流动性及水泥用量不变的条件下,可减少用水量,从而降低水灰比,使混凝土的强度及耐久性得到提高;③减水又减水泥,但水灰比不变时,保持流动性及水灰比不变,节约水泥。

(5)答:①加荷时环境湿度降低,徐变变大。环境湿度降低,混凝土中水分蒸发变快,毛细孔多,因此徐变变大;

②加荷时,混凝土龄期较短,徐变增长较快。因为在硬化初期由于未填满的毛细孔较多,凝胶移动较为容易,故徐变增长较快;

③水灰比增大,徐变较大。水灰比增大使混凝土中的孔隙及水泥石凝胶孔增多,凝胶移动容易故徐变增大;

④水泥掺量和用水量不变而粗集料用量降低,徐变增大。集料能阻碍水泥石的变形,减少了集料的用量阻碍作用也随着降低,徐变增大;

⑤采用高弹性模量的粗集料,徐变变小。集料弹性模量大抵抗变形的能力强,因此徐变较小。

六、计算题

(1)解:$f_{湿}=30$ MPa,$f_{干}=37.5$ MPa,软化系数$=f_{湿}/f_{干}=0.8<0.85$所以不可以用于建筑物基础。

因为$(400-300)/300=33\%>15\%$ $(300-280)/300=6.7\%<15\%$,所以应取中间值300 kN,$f_{湿}=30$ MPa,$f_{干}=(390+375+360)/3=375$,$f_{干}=37.5$ MPa

软化系数$=f_{湿}/f_{干}=0.80<0.85$,所以不可以用于浇筑建筑物的基础。

(2)解:水泥用量:$C=W\times c/w=180\times 1/0.4=450\ \text{kg/m}^3$

按质量法有:

$S+G+W+C=2\ 400$ ①;

$S/S+G=33\%$ ②

将数据代入公式①、②解得$S=584\ \text{kg/cm}^3$

$G=1\ 186\ \text{kg/m}^3$

现场施工配合比的计算:$C_1=450\ \text{kg/m}^3$,$S_1=584\times(1+3\%)=602\ \text{kg/m}^3$

$G_1=1\ 186\times(1+1\%)=1\ 198\ \text{kg/m}^3$,$W_1=180-584\times 3\%-1186\times 1\%=151\ \text{kg/m}^3$

施工配合比为:$C_1:S_1:G_1:W_1=450:602:1\ 198:151$

(3)解:石子的质量 $m=18.4-3.4=15.0$ kg 石子的堆积体积为 10 L

石子所吸水的质量为 $m_w=18.6-18.4=0.2$ kg 水的体积为 0.2 L

石子的吸水率 $w=m_w/m=0.2/15.0\times100\%=1.3\%$

表观密度:$\rho_0=m/(10-4.27+0.2)=2.53\ g/cm^3$

堆积密度:$\rho_0'=m/v_0,=15.0/10\times10^3=1\ 500\ kg/m^3$

开口孔隙率 $=w\times\rho_0=1.3\%\times2.53=3.4\%$

附录

土木工程材料核心知识单元

土木工程材料核心知识单元、知识点、学习要求和推荐学时

知识单元		知识点			推荐学时
序号	描述	序号	描述	要求	
1	土木工程材料的基本性质	1	土木工程材料的分类	了解	36
		2	材料的物理性质	掌握	
		3	材料的力学性质	掌握	
		4	材料的耐久性	掌握	
2	无机胶凝材料	1	气硬性胶凝材料及其主要用途	熟悉	
		2	硅酸盐水泥矿物组成、性质及选用	熟悉	
		3	其他水泥	了解	
3	水泥混凝土与建筑砂浆	1	水泥混凝土的基本组成材料、分类和性能要求	熟悉	
		2	混凝土拌合物的性能、测定和调整方法	掌握	
		3	硬化混凝土的力学、变形性能和耐久性	掌握	
		4	普通水泥混凝土的配合比设计	掌握	
		5	水泥混凝土的外加剂和矿物掺合料	熟悉	
		6	砂浆	掌握	

续表

知识单元		知识点			推荐学时
序号	描述	序号	描述	要求	
4	钢材	1	钢的分类	了解	36
		2	钢材的主要力学性能	熟悉	
		3	钢材的冷热加工性能	熟悉	
		4	土木工程用钢的品种和选用	掌握	
5	砌筑材料	1	砌墙砖的种类和应用	熟悉	
		2	砌块和石材的种类和应用	掌握	
6	木材	1	木材的主要种类、力学性能和应用	熟悉	
7	沥青及沥青混合材料	1	沥青材料的基本组成和结构特点、工程性质及测定方法	掌握	
		2	沥青的改性、主要沥青制品及其用途	了解	
		3	沥青混合料设计与配置方法及其应用	熟悉	
8	合成高分子材料	1	合成高分子材料的种类、特征和应用	了解	
9	土木工程功能材料	1	防水材料	熟悉	
		2	保温隔热材料	熟悉	
		3	吸声隔声材料	熟悉	
		4	防火材料	了解	

注:本表摘自高等学校土木工程学科专业指导委员会发布的《高等学校土木工程本科指导性专业规范》(中国建筑工业出版社,2011 年)。

参考文献

[1] 吴中伟,廉慧珍. 高性能混凝土 [M]. 北京:中国铁道出版社,1999.

[2] 陈燕,岳文海,董若兰. 石膏建筑材料 [M]. 北京:中国建材工业出版社,2003.

[3] 赵云龙,徐洛屹. 石膏干混建材生产及应用技术 [M]. 北京:中国建材工业出版社,2016.

[4] F. M. LEE. 水泥和混凝土化学 [M]. 唐明述,杨南如,胡道和,等译. 北京:中国建筑工业出版社,1980.

[5] H. F. W. TAYLOR. Cement Chemistry [M]2nd edition. London :Thomas Telford, 1997.

[6] 赵晓东. 水泥煅烧工艺及设备 [M]. 北京:中国建材工业出版社,2014.

[7] 袁润章. 胶凝材料学 [M]. 2 版. 武汉:武汉工业大学出版社,1996.

[8] 彭小芹. 土木工程材料[M]. 3 版. 重庆,重庆大学出版社,2010.

[9] 张亚梅. 土木工程材料 [M]. 6 版. 南京,东南大学出版社,2021.

[10] 湖南大学,天津大学,同济大学,等. 土木工程材料[M]. 2 版. 北京:中国建筑工业出版社,2010.

[11] 吴科如,张雄. 土木工程材料[M]. 3 版. 上海:同济大学出版社,2013.

[12] 苏达根. 土木工程材料[M]. 4 版. 北京:高等教育出版社,2019.

[13] 冯乃谦,顾晴霞,郝挺宇. 混凝土结构的裂缝与对策 [M]. 北京:机械工业出版社,2006.

[14] 蒋正武,梅世龙,等. 机制砂高性能混凝土 [M]. 北京:化学工业出版社,2015.

[15] 钱觉时. 粉煤灰特性与粉煤灰混凝土 [M]. 北京:科学出版社,2002.

[16] 缪昌文. 高性能混凝土外加剂 [M]. 北京:化学工业出版社,2008.

[17] 熊大玉,王小虹. 混凝土外加剂[M]. 北京:化学工业出版社,2002.

[18] 重庆建筑工程学院,南京工学院. 混凝土学 [M]. 北京:中国建筑工业出版社,1981.

[19] 宋少民,王林. 混凝土学 [M]. 武汉:武汉理工大学出版社,2013.

[20] 蒋正武. 水泥基自修复材料:理论与方法 [M]. 上海:同济大学出版社,2018.
[21]《环境科学大辞典》编委会. 环境科学大辞典(修订版)[M]北京:中国环境科学出版社,2008.